MECHTHILD HUBL

MEINE SAMEN— GÄRTNEREI

GEMÜSE-SAATGUT SELBST GEWINNEN

KOSMOS

INHALT

Mechthild Hubl – Gärtnerin aus Leidenschaft

SAATGUT IST LEBEN

Mein Interesse für Pflanzen wurde schon früh beim Gärtnern mit meiner Mutter und Großmutter sichtbar. Die Selbstversorgung mit Gemüse und Obst aus dem eigenen Garten und die daraus hergestellten Genüsse wie Marmelade, Saft und Quarkspeisen mit Beeren waren selbstverständlich für mich. Auch die kleinen Saatgutkörnchen, aus denen all das später geerntete Gemüse wachsen sollte, fand ich faszinierend. Die Sammlung von landwirtschaftlichen Samen in kleinen Glasröhrchen, die mein Vater noch aus seiner Ausbildungszeit hatte, wurde von mir so intensiv betrachtet und erforscht, bis nur noch Krümel übrig waren.
Während meines Studiums der Agrarwissenschaften in Hohenheim wohnte ich bei meiner Oma und konnte sie überzeugen, mir nach und nach ihren großen Selbstversorgergarten zu überlassen. Da mir aus gesundheitlichen Gründen keine Berufstätigkeit möglich war, wurde der Garten zu meinem Experimentier- und Forschungsfeld. Selbstverständlich habe ich biologisch gegärtnert, neue Methoden ausprobiert und vieles infrage gestellt, was ich gelernt hatte. Mit Laufenten habe ich das Schneckenproblem in den Griff bekommen, mit Kaninchenhaltung eigenen Dünger erzeugt und mit Kleingewächshäusern die Erntesaison verlängert. Längst nicht alles war erfolgreich oder fand den Gefallen meiner Oma.
Von der Verwendung eigenen Saat- und Pflanzguts wurde im Studium gewarnt mit der Auflistung von samenübertragbaren Krankheiten und dem Hinweis auf „Abbau", also Ertragsrückgang bei eigener Vermehrung. Ich habe dann mein Saatgut bei Hild Samen, einem Familienbetrieb am Neckar, gekauft. Dort hatten damals auch Hobbygärtner Zugang zu Profisaatgut in kleinen Mengen. Die Veränderungen am Saatgutmarkt habe ich dann selbst gespürt. Hild Samen fusionierte mit Nunhems, das Saatgut wurde teurer, viele Sorten gab es nicht mehr in Kleinpackungen. Hild/Nunhems wurde von Bayer CropScience übernommen. Die Verflechtung von Pharma, Chemie und Saatgut konnte nichts Gutes bedeuten. Hier geht es nicht um Kleinerzeuger, sondern um das große Geschäft im weltweiten Business mit Gemüsesaatgut – und den passenden Pflanzenschutz gibt es auch dazu. Das weitere Spiel im Saatgut-Monopoly: Bayer übernimmt Monsanto, muss aber aus Wettbewerbsgründen einen Teil der Gemüsezüchtung an die BASF verkaufen, die das Paket umgehend an Graines Voltz weiterreichte. Soweit der heutige Stand. Ich suchte nach Alternativen, wurde Mitglied im VEN und bei Arche Noah. Dort fand ich Gleichgesinnte und Anleitung zur Vermehrung von Gemüsesaatgut. Nach einem Saatgutlehrgang bei Arche Noah 2012 bin ich voll in die Saatgutvermehrung eingestiegen. Eigenes Saatgut bedeutet eine weitere Stufe auf dem Weg zur Selbstversorgung und damit einen Zuwachs an Ernährungssouveränität. Ich hatte mein Lebensthema gefunden. Inzwischen hatte auch mein Mann seine Berufstätigkeit beendet. Unser Garten war zu klein und zu schattig, wir suchten einen Acker und konnten bald einen in der Nähe kaufen. Seither engagieren wir uns mit allen unseren Kräften und Möglichkeiten für die Saatgutvermehrung, den Sortenerhalt und die Mitarbeit in den Erhaltervereinen.
Die Weitergabe dieses Erfahrungsschatzes wird für mich immer wichtiger. Daher ist es mir eine große Ehre und Freude, meine Erfahrungen in diesem Buch für Sie verfügbar zu machen.

Mechthild Hubl

SAMENBAU

— *Sinn & Wert von eigenem Saatgut*

GEMÜSE SELBST VERMEHREN – WOZU IST DAS GUT?

In Gartencentern, Baumärkten und sogar beim Discounter wird Saatgut in bunten Tüten angeboten. Saatgutkataloge preisen ihre Sorten als besonders ertragreich und resistent an. Da lassen wir uns gerne zum Träumen und Kaufen anregen.

Die Züchtung in spezialisierten Saatzuchtunternehmen begann erst vor 150 Jahren. Mittlerweile wird der Saatgutmarkt von ganz wenigen hoch spezialisierten und weltweit tätigen Agrarchemie-Pharmakonzernen beherrscht. Die angebotenen Sorten sind zum großen Teil Hybridsorten, die sich nicht mehr selbst vermehren lassen.

UNABHÄNGIGKEIT

Saatgut selbst zu erzeugen, ist für mich die zweite Stufe der Selbstversorgung hin zu noch mehr Unabhängigkeit – nicht nur von dem stark vereinheitlichten, kommerzialisierten Gemüseangebot im Supermarkt, sondern auch von Saatgutunternehmen, die gar nicht mehr für meine Bedürfnisse züchten. Meine selbst vermehrten, für meine Ansprüche geeigneten und an meinen Standort angepassten Sorten liefern mir eine zuverlässige Ernte auch unter wechselnden Wetterbedingungen. Wer selbst Gemüse und Kräuter aus samenfesten Sorten anbaut, gewinnt eine gewisse Unabhängigkeit von dem nur

Salatvielfalt – verschiedene Salatsorten in meinem Garten.

Neben Mais als Windschutz gedeihen Kohlarten, Salatsamenträger und Kürbis in Mischkultur.

scheinbar vielfältigen Angebot im Supermarkt. Der Gärtner kann aus der übergroßen Vielfalt an samenfesten Sorten auswählen, was für den jeweiligen Standort für die Essgewohnheiten und den Geschmack der Familie am besten geeignet ist. Er ist ein Stück weit unabhängig von den großen Playern, die Saatgut für den Weltmarkt züchten, Massenware in Monokulturen erzeugen und ihr Angebot am Geschmack der Mehrheit ausrichten. Wenn man eine geeignete, zuverlässige, etablierte und gut vermehrbare Sorte gefunden hat, sollte man ihr treu bleiben. Das spart Geld und Zeit und gibt ein Stück Ernährungssouveränität zurück.

VOM SAMENKORN ZUM SAMENKORN

Die Begleitung einer Sorte über den gesamten Lebenszyklus vom ausgesäten Samenkorn über das Wachsen, Blühen, Fruchten und Reifen bis zur Samenernte erleben viele Menschen als beglückend Als Ergebnis vieler Mühen hält man eigenes Saatgut in den Händen. Man kennt die Pflanzen, von denen es gewonnen wurde, die Wachstumsbedingungen und die Selektionskriterien (welche Pflanzen wurden zur Samenernte ausgewählt und warum). Meist erhält man viel mehr Saatgut, als man selbst benötigt und kann dies an andere Gärtnerinnen und Gärtner weitergeben. Im Laufe von vielen Vermehrungs- und Selektionszyklen kann sich die ursprüngliche Sorte in eine unterscheidbare Familiensorte entwickeln, die wir mit Stolz an die nächste Generation weitergeben können.

Bohnenvielfalt

Tomaten gibt es in unzähligen Formen, Größen und Farben.

KULTURELLES ERBE IN GEFAHR

Die Entstehung unserer heutigen Kulturpflanzen ist eine über Jahrtausende andauernde Leistung unserer Vorfahren. Sie haben durch Anbau, Auslese und Vermehrung eine unglaubliche Sortenvielfalt geschaffen. Ein kulturelles Erbe der Menschheit.

Zur Erhaltung dieses Erbes sind überall in der Welt Genbanken entstanden. Dort werden die Samen durch Tiefkühlung jahre- oder jahrzehntelang keimfähig gehalten. Ab und zu muss jede Sorte wieder einmal vermehrt werden, um anschließend wieder für lange Zeit im Kälteschlaf zu ruhen. Die Aufbewahrung in Genbanken ist als eine Notmaßnahme anzusehen. Als eine Vorsorge, um die noch unbekannten genetischen Eigenschaften einer Sorte für die Nachwelt zu bewahren. Um eine Sorte lebendig und anbauwürdig zu erhalten und ihr die Anpassung an sich ändernde Umweltbedingungen zu ermöglichen, sind regelmäßiger Anbau und Vermehrung nötig.

Länge der Kolben, Reihenanzahl, Form und Farbe der Körner als Beispiel genetischer Vielfalt bei Mais

VIELFALT ERHALTEN

Mittlerweile engagieren sich Tausende Menschen in Vereinen zur Erhaltung von vom Aussterben bedrohter Haustierrassen und unbedeutend gewordenen Nutzpflanzenarten und -sorten. Im deutschsprachigen Raum sind die größten Vereine Arche Noah (Österreich), der Verein zur Erhaltung der Nutzpflanzenvielfalt – VEN (Deutschland) und Pro Specie Rara (Schweiz). Daneben gibt es eine Vielzahl kleinerer, lokal agierender Vereine und Initiativen.
Ihr Anliegen ist die lebendige Erhaltung und fortlaufende weitere Anpassung der traditionellen Sorten in unseren Gärten. Genauso wie der Anbau sind das Wissen um die Vermehrung und die Verwendung dieser alten Gemüse-, Getreide-, Obstsorten und anderer Nutzpflanzen der Allgemeinheit verloren gegangen. Die Erhaltervereine bieten Kurse zur Saatgutvermehrung und geben ihre Erfahrungen weiter. Die Saatgutvermehrung soll wieder fester Bestandteil des Gärtnerwissens werden.

ENTSTEHUNG DER KULTURPFLANZEN

Man nennt es „Neolithische Revolution", als vor etwa 10 000 Jahren Menschen an mehreren Orten der Welt begannen, ihre bis dahin wild gesammelten Nahrungspflanzen gezielt anzubauen. Vermutlich waren es Frauen, die Samen von besonders geeigneten Einzelpflanzen auswählten und in der Nähe ihrer Häuser in vorbereiteten Boden aussäten. Die Ursprungsregion unserer Getreide und Hülsenfrüchte liegt im Nahen Osten. Auf ihren Wanderungen Richtung Mitteleuropa nahmen die ersten Bauern stets auch Saatgut mit. Auch aus manchen Wildpflanzen zwischen den Getreidekulturen wurden Nutzpflanzen. Einige Entwicklungen lassen sich mittlerweile nachvollziehen, vieles über die genaue Entstehung liegt immer noch im Dunkeln.

UNTERSCHIEDE ZWISCHEN WILD- UND KULTURPFLANZEN

Wichtige Unterschiede zwischen Wildpflanzen und Kulturpflanzen liegen in der Vermehrbarkeit. Wildpflanzen müssen selbst für die Verbreitung ihrer Nachkommen sorgen. Wildgräser haben eine brüchige Ährenspindel, die bei der Reife in einzelne Samen zerfällt. Die Schoten wilder Hülsenfrüchte platzen in der Reife auf und verstreuen ihre Samen großflächig. Das ist nicht im Interesse des Menschen, der die Samen selbst ernten möchte.

Aus dem Wildgras Teosinte beispielsweise haben die Indigenen Mittelamerikas den Mais mit großen Kolben und sehr fest sitzenden Samen entwickelt, der zur Vermehrung vollständig auf den Menschen angewiesen ist.

Weitere wichtige Merkmale unserer Kulturpflanzen sind die, im Vergleich zur Wildform, stark vergrößerten Samen, Früchte, Wurzeln, Knollen oder Blätter. Bei Kulturpflanzen fehlt die Keimruhe, wodurch die

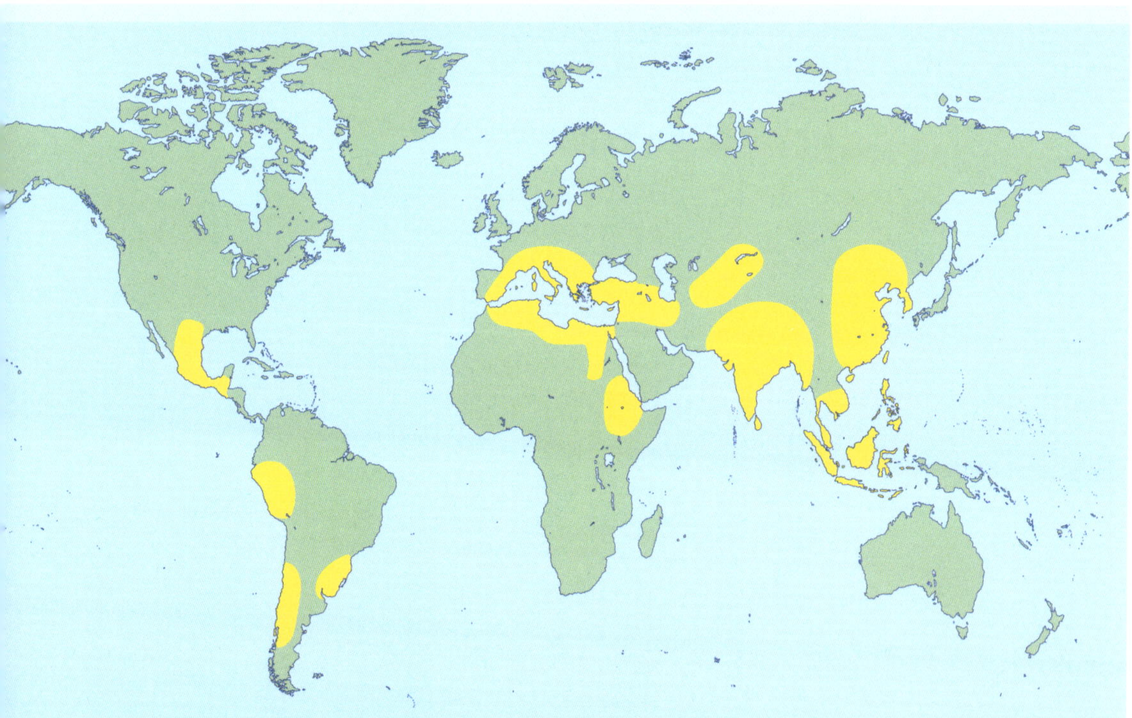

Zentren der genetischen Vielfalt: Mittelmeerraum – Kohl und Kopfsalate; Nordafrika – Weizen, Roggen, Hirse; Mittelamerika – Mais, Bohnen, Tomaten, Kartoffeln, Paprika; Asien – Reis

Samen schnell und einheitlich keimen. Auch Bitterstoffe, die Wildpflanzen vor Fraßfeinden schützen, fehlen oder wurden stark reduziert. Dadurch sind unsere Kulturpflanzen zum Wachsen und zur Vermehrung auf den Menschen angewiesen.

VIELFALT ALS MENSCHLICHE KULTURLEISTUNG

Auch wenn manche Anfänge im Dunkeln liegen, ist die entstandene Sortenvielfalt eine menschliche Kulturleistung. Alle unsere traditionellen Sorten sind durch fortwährende menschliche Selektionsarbeit über einen sehr langen Zeitraum gezüchtet worden. Auch ohne Kenntnisse in Genetik und ohne planvolle Kreuzungen ist Sortenentwicklung Züchtung.

Das Ziel dieser Züchtung in bäuerlicher Hand war nicht in erster Linie ein hoher Ertrag. Wichtiger waren sichere Erträge bei Wetterschwankungen, die Anpassung an den örtlichen Boden und die geografische Lage.

Selektiert wurde auf Eignung für die jeweilige Nutzung, sei es für die Ernährung, für Fasernutzung, zum Färben oder zum Würzen und Heilen.

Die Sorten mussten auch sicher vermehrbar sein. Bei Gemüsen mussten Gemüsenutzung und Samenertrag in einem angemessenen Verhältnis stehen. Moderne Eissalat- und Blumenkohlsorten sind diesbezüglich in einer Sackgasse angekommen. Sie lassen sich vom Hausgärtner in unserem Klima praktisch nicht mehr vermehren.

Zweijährig zu vermehrende Gemüsearten mussten gut über den Winter kommen. Nicht zuletzt spielte auch die Zartheit der Blätter, die Süße der Wurzeln und allgemein der Geschmack für unsere Vorfahren eine bedeutende Rolle. Daher sind traditionelle Sorten im Geschmack und im gesundheitlichen Wert häufig den modernen Züchtungen überlegen. Bei neuen Sorten

Wildtomatentrieb und Kulturtomaten-Vielfalt

stehen Höchstertrag und für die Landwirtschaft wichtige Merkmale wie Transportfestigkeit, Eignung für maschinelle Ernte, einheitliche Reife und Herbizidtoleranz im Vordergrund.

Traditionelle Sorten haben stets eine gewisse Inhomogenität. Diese genetische Varianz ermöglicht es den Pflanzen, sich an wechselnde Bedingungen anzupassen. Sehr streng auf Einheitlichkeit selektierte Sorten können leichter bei extremen Bedingungen versagen.

Anbau und Vermehrung lagen in der bäuerlichen Pflanzenzüchtung stets in einer Hand. Der Bauer war Herr seines Saatguts. In Gesellschaften mit vielen bäuerlichen Selbstversorgern ist diese Ernährungssouveränität bis heute sehr wichtig, aber durch gesetzliche Beschränkungen hochgradig gefährdet.

SAMENFEST BEDEUTET NACHBAUFÄHIG

Die Entwicklungen in der modernen Pflanzenzüchtung mit neuen Verfahren erfordern Begriffe zur Unterscheidung zu den durch traditionelle Kreuzung und Auslese entstandenen Sorten.

SAMENFESTE SORTEN

Mit dem Aufkommen der Hybridsorten wurde zur Abgrenzung ein Begriff für traditionelles Saatgut gesucht. Alle historisch entstandenen Sorten und alle aus Kreuzung und Selektion gezüchteten neuen Sorten werden als nachbaufähig oder auch samenfest bezeichnet. Ausgesäte Pflanzen dieser Sorten können sich auf biologischem Wege über Samen (generativ) fortpflanzen. Aus dem gewonnenen Saatgut entstehen wieder die gleichen Pflanzen.

HYBRIDSORTEN

Moderne Sorten müssen in erster Linie den ökonomischen Anforderungen der Agrarwirtschaft und des Handels entsprechen. Sie müssen hohe Erträge erzielen, sich maschinell anbauen und ernten lassen, in einheitliche Verpackungen passen, transportfest sein und im Supermarkt lange gut aussehen. Das ist mit den sogenannten F1-Hybriden am besten umzusetzen. Sie sind wüchsig, ertragreich und von außerordentlich einheitlichem Aussehen. Oft enthalten sie

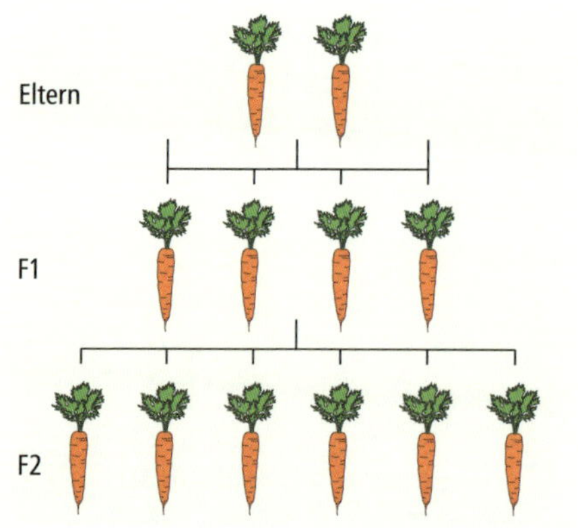

Samenfeste Sorten: Jede Generation hat die gleichen Merkmale.

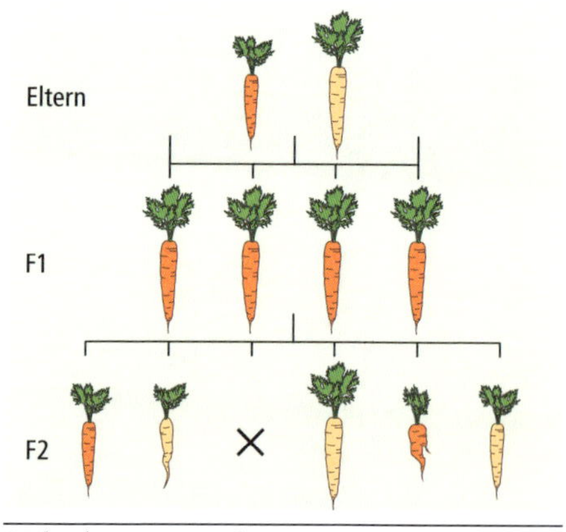

Hybridsorten: Nur die F1-Generation ist einheitlich. Folgegenerationen spalten auf.

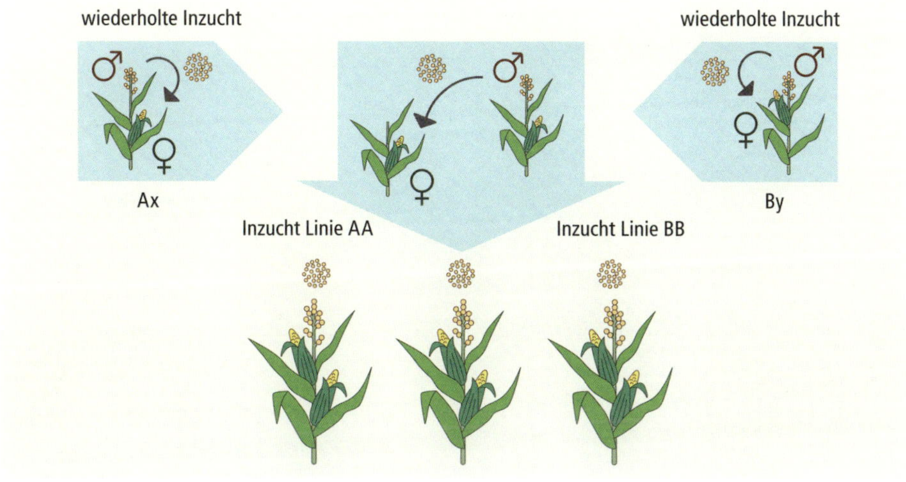

Die Entstehung eine Hybridsorte: Durch wiederholte Inzucht erhält man homogene Linien.

mehrere Resistenzen gegen wichtige Krankheiten. Beim erneuten Anbau (F2) spalten sie in eine Vielzahl von Pflanzentypen auf. Der Anbauer muss jährlich teures neues Saatgut kaufen. So erfüllen Hybridsorten auch die Ansprüche der Züchtungsunternehmen an die Gewinne für ihre aufwendigen Züchtungen. F1-Hybriden sind von den Inzuchtlinien an, aus denen sie entstehen, unter intensiv gedüngten, gewässerten und mit Pflanzenschutz behandelten Anbaubedingungen gewachsen – praktisch in einem Rundum-sorglos-Paket. Nur unter solchen Anbaubedingungen können sie ihr Ertragspotenzial voll entfalten. Unter extremen Bedingungen können Hybridsorten auch versagen. Ich habe das bei Kälteeinbrüchen oder versäumter Bewässerung schon selbst erlebt.

WIE ENTSTEHEN HYBRIDEN?

Bevor zwei geeignete Linien miteinander zu einer F1-Hybridsorte gekreuzt werden, steht ein langer Prozess zur Züchtung einer einheitlichen Linie. Dazu werden die Ausgangspflanzen geselbstet (zur Selbstbestäubung gezwungen). Dies führt zu einer starken Inzuchtdepression, die viele Versuchslinien gar nicht überleben. Im Laufe von Generationen gewöhnen sich die Pflanzen an die fortwährende Inzucht und bringen einen akzeptablen Ertrag. Mutter- (A) und Vaterlinien (B) sollen dabei genetisch möglichst weit voneinander entfernt sein, sich aber gerade noch kreuzen lassen. So kommt es zu einer besonders effektiven Mischung des Erbmaterials der Elternpflanzen. Diese Heterosiseffekt genannte Rekombination des Erbmaterials bewirkt in der ersten Generation (F1-Generation) sehr wüchsige und einheitliche Pflanzen. Sie sind zudem ausgestattet mit den Resistenzen beider Elternlinien. Besonders wirkungsvoll ist dieses Verfahren bei Fremdbefruchtern. Die Ausgangslinien werden streng abgeschirmt erhalten und sind ein wertvolles Kapital des Züchtungsunternehmens.
Ein weiterer Anbau ist bei älteren Hybriden möglich, aber wegen der Aufspaltung nicht wirtschaftlich. Manchmal werden aus Hybriden wieder samenfeste Sorten selektiert. Bei neueren Hybriden ist das aufgrund einer männlichen Sterilität nicht mehr möglich.

Sortenvielfalt bei Bohnen (von links nach rechts): 'Italian Gold', 'Borlotto', 'Violet Podded', 'Anellino Giallo', 'Sunset' und 'Lady Di'

INZUCHT VERHINDERN

Bei der Kreuzung der beiden Inzuchtlinien muss eine Selbstbefruchtung verhindert werden. Bei einhäusigen Pflanzen, die sowohl weibliche als auch männliche Blüten auf einer Pflanzen nebeneinander enthalten (z. B. Mais), ist dies einfach zu bewerkstelligen: Die männliche Blüte wird mechanisch entfernt. Bei anderen Kulturen, deren Blüten sowohl männliche als auch weibliche Organe enthalten (z. B. Tomaten), wird in Ländern mit niedrigem Lohnniveau mit der Pinzette kastriert. Dazu werden oft auch die besonders fingerfertigen Kinder eingesetzt.

Ein neueres Verfahren, um die Inzucht zu verhindern, ist die cytoplasmatisch induzierte männliche Sterilität (CMS) in der mütterlichen Linie. Diese tritt bei einigen Kohl- und Sonnenblumensorten als spontane Mutation auf und ist im Zellgenom (nicht in den Genen des Zellkerns) verankert. Bei der CMS wird die Sterilität in der gewünschten mütterlichen Linie durch das Einbringen des Zellkerns in eine Zelle mit den Sterilitätsanlagen gebracht, die zuvor entkernt wurde. Damit ist CMS keine Gentechnik, es wird nicht in das Zellgenom eingegriffen. Von den Bio-Verbänden wird CMS abgelehnt, da es einen Eingriff in die Unversehrtheit der Zelle darstellt. Hybridsorten mit CMS sind von den Bio-Verbänden nicht zugelassen.

WAS IST EINE ALTE SORTE?

Eine alte Kulturpflanzensorte war in der Vergangenheit für den Anbau von Bedeutung. Sie entspricht jedoch nicht mehr den heutigen Anforderungen an die Wirtschaftlichkeit des Anbausystems und die Anforderungen des Marktes. Sie wird daher nur noch regional oder von Liebhabern genutzt und angebaut. Es kann sich um eine ehemalige Zuchtsorte handeln oder um eine Haus-, Hof- oder Landsorte.

Für neue Sorten können Züchter einen Sortenschutz für 20 bis 30 Jahre beantragen. Dieser Schutz ist bei alten Sorten abgelaufen. Sie können ohne Einschränkungen vermehrt und privat verbreitet werden. Um gewerblich legal mit den alten

Alte regionale Sorten sind an ihren Standort perfekt angepasst.

Filderspitzkraut – regionale Spezialität in unterschiedlichen Herkünften, oft Land- oder Familiensorten

Sorten handeln zu dürfen, ist allerdings eine Anmeldung erforderlich.
Häufig sind alte Sorten robuster und schmackhafter als moderne Züchtungen für den intensiven Anbau. Dies ist aber keineswegs immer so. Die Umweltbedingungen, die Erreger der Pflanzenkrankheiten, aber auch die Kochgewohnheiten und die Geschmäcker der Konsumenten haben sich geändert. Alte Sorten sind oft auch nicht für alle Böden und Klimata gleichermaßen gut geeignet. Am passenden Standort unter biologischem Anbau in Mischkultur mit mäßiger Stickstoffdüngung und Pflanzenschutz können sie ihr Potenzial am besten entfalten.
Das Gute ist die große Fülle an samenfesten alten Sorten. So kann man die für den eigenen Standort, die Bedürfnisse und den Geschmack der eigenen Familie optimalen Sorten suchen.
Da sich die Sorten bei wiederholter Vermehrung an den Standort anpassen, hat es sich als günstig erwiesen, Saatgut von Vermehrern aus ähnlichen Höhenlagen und Bodenbedingungen zu beziehen. Wenn man eine geeignete Sorte gefunden hat, sollte man ihr treu bleiben. Sie ist nach einigen Vermehrungszyklen bestens an den Standort angepasst und wird zuverlässig wachsen und Samen bilden.

HOF-, FAMILIEN- ODER REGIONALSORTEN

Diese Sorten sind nicht durch gezielte Züchtung in einem Zuchtunternehmen entstanden, sondern durch eine mehrere Generationen lange Auslesezüchtung in einer Familie, einem landwirtschaftlichen Hof oder in einer Region. Ein Beispiel dafür ist das Filderspitzkraut. Da die Herkünfte der einzelnen Familien in der Form, Größe und Geschmack unterscheidbar sind, kann man sie durchaus als Sorten bezeichnen. Heute sind noch 14 Sorten Filderspitzkraut erhalten.
Man schätzt, dass etwa 75 % der alten Gemüsesorten bereits für immer verloren gegangen sind. Ähnlich wie für bedrohte Tiere gibt es eine „Rote Liste“ der Gemüsesorten. Im Nationalen Inventar Pflanzengenetischer Ressourcen (PGRDEU) findet man eine Fülle von Informationen zu bedrohten oder verschollenen Sorten.

SAMENGÄRTNEREI-PRAXIS

— *Vermehrung über eigenes Saatgut*

BOTANISCHE GRUNDLAGEN

Die für die Vielfalt wichtigste Vermehrung ist die geschlechtliche (generative) Vermehrung nach Bestäubung über Samen. Nur hierbei werden die Erbanlagen der Mutterpflanze mit der Vaterpflanze gemischt und es entsteht neue Variabilität.

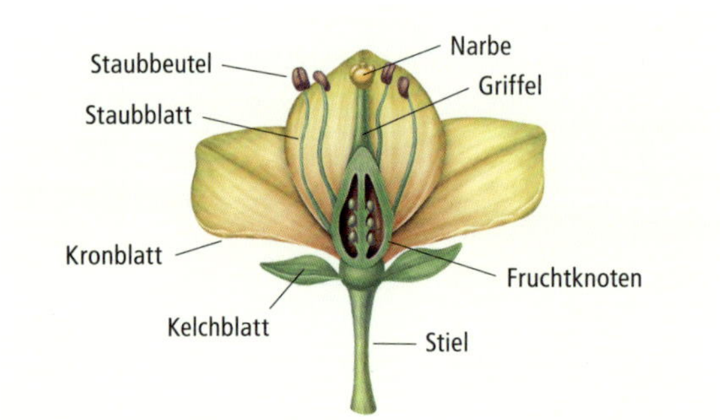

Querschnitt durch eine Blüte

BLÜTENAUFBAU

Das Organ zur geschlechtlichen Vermehrung der Pflanzen ist die Blüte. Die Blütenhülle besteht aus meist unscheinbaren grünen Kelchblättern und den (oft) auffällig gefärbten Kronblättern.
Im Inneren der Blüte befinden sich die männlichen Blütenorgane: die Staubblätter und an deren Ende die Pollen tragenden Staubbeutel.
Die weiblichen Blütenorgane bestehen aus Fruchtknoten, Griffel und Narbe.
Wenn auf die Narbe ein geeignetes Pollenkorn trifft, wächst ein Pollenschlauch durch den Griffel in den Fruchtknoten zu den Samenanlagen. Die Spermazelle wandert durch den Fruchtknoten und befruchtet die Eizelle. Daraus entsteht der Embryo, der von einem Nährgewebe umgeben das Samenkorn bildet. Aus dem Fruchtknoten entwickelt sich eine Frucht, die oft mehrere Samen enthält. Zum Beispiel bei Tomate, Paprika, Kürbis, Bohnenhülsen und Kohlschoten.

STELLUNG DES FRUCHTKNOTENS IN DER BLÜTE

Der Fruchtknoten kann **unterständig** sein wie bei Kürbissen und Gurken, die oft noch an der Frucht die Reste der Blüte tragen. Die Kelch- und Blütenblätter sitzen auf dem Fruchtknoten, der in den Blütenboden eingesenkt und mit ihm verwachsen ist.
Bei anderen Pflanzen (Tomaten, Paprika, Bohnen, Erbsen) ist der Fruchtknoten **oberständig:** Die Kelch-, Kron- und Staubblätter sitzen unterhalb des Fruchtknotens. Nach dem Abfallen der Blütenblätter wächst die Frucht aus den Kelchblättern heraus. Diese bleiben dabei erhalten.
Es gibt auch Blüten mit **mittelständigem** Fruchtknoten, bei denen der Fruchtknoten frei auf einem becherförmigen Blütenboden, umgeben von den Blütenorganen sitzt, was nicht deutlich sichtbar ist, z. B. bei der Kirsche.

BESTÄUBUNGSARTEN

Aus dem Erscheinungsbild einer Blüte kann man auf die Art der Bestäubung schließen.

SELBSTBESTÄUBER

Pflanzen, bei denen die Blüten so gebaut sind, dass eine Befruchtung meist schon vor dem Öffnen der Blüte stattfindet, benötigen

Wind oder mechanisches Rütteln (z. B. bei Tomaten im Gewächshaus), um die reifen Pollenkörner von den Staubbeuteln zu lösen. Diese fallen dann direkt auf die darunterliegende Narbe.

Relativ strenge Selbstbestäuber: Dazu gehören Erbsen, Gartenbohnen, Salate und Tomaten, auch Weizen und Gerste.

Potenzielle Selbstbestäuber: Sie können sich zwar selbst bestäuben und Selbstbestäubung ist für sie auch verträglich, aber die Blüten sind größer als bei den strengen Selbstbestäubern und damit für Insekten attraktiv, sodass öfter oder häufig Fremdbestäubung beobachtet wird. Ein reiches Blütenangebot kann die Insekten ablenken. Teilweise kann es bei regelmäßigem Anbau einen „Lerneffekt" bei den Insekten geben. Zu den potenziellen Selbstbestäubern werden Paprika, Auberginen, Zichorien, Endivien und Ackerbohnen gezählt.

FREMDBESTÄUBER

Bei ihnen gibt es mehrere Strategien, um eine Bestäubung zwischen den Blüten einer einzelnen Pflanze zu verhindern. Die Stellung der Narbe über den Pollen und die Reife der Pollenkörner vor der Reife der Narbe (vormännlich) oder die Reifung der Pollenkörner nach der Narbe (vorweiblich) dienen dem Schutz vor Inzucht. Pollenkörner der eigenen oder einer unpassenden anderen Blüte werden von der Narbe abgelehnt. Wird eine Selbstbestäubung erzwungen, bleibt die Samenentwicklung aus oder es bilden sich nur schlecht entwickelte Samen. Dies ist besonders häufig bei Kohlgewächsen und Kürbisarten.

Insektenbestäuber: Blüten mit großen farbigen Blütenblättern und einem reichen Nektar- und Pollenangebot sowie betörendem Duft locken bestäubende Insekten an. Sie haben größere, für Insekten attraktive Blüten mit Pollen und/oder Nektar. Sie sind mit sich selbst unverträglich. Dazu

Biene auf Blüten eines Kreuzblütlers

zählen Feuerbohne, Gurke, Kohl, Kürbis, Möhre, Radieschen, Zwiebel und viele Kräuter und Blumen.

Windbestäuber: Diese Arten haben unscheinbare Blüten, oft ohne Blütenblätter. Man benötigt besonders weite Sicherheitsabstände bei der Vermehrung mehrerer Sorten der gleichen Art, da diese Pflanzen sehr viel Pollen bilden und dieser mit dem Wind in weite Entfernungen transportiert werden kann. Beispiele sind die Süßgräser Mais, Hirse und Roggen. Gänsefußgewächse wie Rote Bete, Mangold, Zuckerrüben und Spinat verbreiten ihren Pollen ebenfalls großflächig durch den Wind.

EINHÄUSIG UND ZWEIHÄUSIG

Einhäusig

Wenn sich weibliche und männliche Geschlechtsorgane in einer Blüte befinden, nennt man das **gemischt geschlechtlich**. Dies ist bei den meisten unserer Gemüsepflanzen der Fall. Man spricht auch von vollständigen oder idealen Blüten. Befinden sich die Geschlechtsorgane in getrennten Blüten auf einer Pflanze, ist die Pflanze **getrennt geschlechtlich**. Bei Kürbissen, Gurken und Mais gibt es männliche und weibliche Blüten.

Zweihäusig

Befinden sich die Blütenorgane auf verschiedenen Pflanzen, spricht man von zweihäusigen Pflanzen. Zum Beispiel bei Spinat und Spargel gibt es männliche und weibliche Pflanzen.

PFLANZENZUGEHÖRIGKEITEN

Beobachten, systematisieren, einteilen – sogar für das komplexe System der Botanik hat der Mensch eine eindeutige Zuordnung eines Namens für jede Pflanze geschaffen.

PFLANZENFAMILIEN

In der biologischen Taxonomie steht die Familienzugehörigkeit vor der Gattung. Wer schon mehrere Jahre gärtnert, wird die wichtigsten Familien unserer Nahrungspflanzen zuordnen können. Der Bau der Blüte und der Samenstände spielt neben anderen Merkmalen die Hauptrolle bei der botanischen Taxonomie. Daher ist die Zugehörigkeit während der Blüte oft recht einfach zu erkennen. Beispielweise haben alle Kreuzblütler *(Cruciferae)* ihren Namen von den vier kreuzweise sich gegenüberstehenden Blütenblättern. Doldenblütler *(Umbelliferae)* bilden flache bis gewölbte Dolden aus vielen Einzelblütchen. Wer Tomatenblüten mit ihren zu einem Streukegel verwachsenen Staubbeuteln und den fünf zurückgeschlagenen, zipfeligen Blütenblättern kennt, wird weitere Nachtschattengewächse *(Solanaceae)* wie Kartoffeln, Paprika, Auberginen und auch den wilden Schwarzen Nachtschatten problemlos zuordnen können.

Blüte einer Kartoffel (Nachtschattengewächs)

ABGRENZUNG VON GATTUNG, ART UND SORTE

Die botanische Taxonomie wurde zum größten Teil von dem schwedischen Botaniker Carl von Linné im 18. Jahrhundert entwickelt. Sie ist überall auf der Welt gebräuchlich.
Wir sollten dabei allerdings nicht vergessen, dass dieses Einteilen der Natur in die sogenannte binäre Nomenklatur (Gattung und Art, z. B. *Brassica oleracea*) menschengemacht ist. Wir brauchen diese Ordnung,

Möhre x Möhre = Möhre

Huhn x Huhn = Huhn

um ein kompliziertes System zu verstehen und um mit ihm in Alltag und Wissenschaft zu arbeiten. Die Natur selbst strebt jedoch nach Vielfalt und befindet sich in ständiger Veränderung. Dies sollte man stets mitbedenken. In der Natur findet man zu allen Regeln Ausnahmen. Überraschendes ist immer möglich.

ART

Man spricht von einer Art, wenn sich die Individuen miteinander fortpflanzen können, egal ob Tiere, Pflanzen oder Bakterien. Im lateinischen Namen steht das erste Wort für die Gattung, das zweite Wort für die Art. Beispielsweise sagt *Cucurbita pepo* aus, dass die Pflanze zur Gattung der Gurkenartigen *(Cucurbita)* und zur Art der Sommerkürbisse *(pepo)* zählt. Bei manchen Pflanzen gibt es auch noch weitere Namenszusätze, die Varianten oder Unterarten beschreiben. Beispielsweise *Brassica oleracea* convar. *capitata* var. *capitata alba* für den Weißkohl. Die Varianten und Convarianten können sich ebenfalls untereinander kreuzen.

SORTE

Dieser Begriff aus der Pflanzenzüchtung wird zur Unterscheidung von Varianten einer Art genutzt. Eine Sorte muss sich durch verschiedene Merkmale (Größe und Farbe von Blättern, Früchten oder Samen, Ertrag, Resistenzen) von anderen Sorten der gleichen Art unterscheiden. Der entsprechende Begriff in der Tierzucht ist die Rasse.

KULTURDAUER IM SAMENBAU

Einjährige

Der ganze Vermehrungszyklus von der Aussaat bis zur Samenreife findet innerhalb eines Jahres statt.

Zweijährige

Im ersten Jahr werden Wurzeln, Zwiebeln oder Knollen, ein Kopf oder Blätter als Speicherorgane ausgebildet, die normalerweise geerntet und verbraucht werden. Erst nach einer – je nach Art und Sorte – unterschiedlich langen Zeit mit niedrigen Temperaturen (Vernalisationszeit) gelangen die Pflanzen zur Blüte. Die Samenreife findet meist im Sommer des zweiten Jahres statt. Manchmal ist es auch von der Sorte oder dem Kulturverfahren abhängig, ob eine Kultur ein- oder zweijährig vermehrt wird.

Mehrjährige

Es gibt auch Gartenkulturen, die ausdauernd sind und mehrere Jahre beerntet werden. Ab dem zweiten Jahr bilden sich Blüten und Samen. Beispiele sind Schnittlauch, Winterheckenzwiebel, Spargel, Artischocke und viele Kräuter und Stauden.

Bei Kürbissen will man vor allem die Exemplare weitervermehren, die sich als lange lagerfähig erwiesen haben.

SELEKTION – SCHLÜSSEL ZUR ERHALTUNG DER KULTURPFLANZEN

Unsere Kulturpflanzen haben sich aus wilden Vorfahren entwickelt, die gut an ihren Standort, Konkurrenzpflanzen, Schaderreger, wechselnde Witterung und Bodenverhältnisse angepasst waren. Die Vermehrung gelang ohne menschliche Hilfe.

NATÜRLICHE SELEKTION

Bei allem, was lebt, treten ständig Mutationen auf. Der Mensch hat über sehr lange Zeit die für ihn am besten geeigneten Pflanzen ausgewählt, gezielt angebaut und vermehrt. Dadurch haben unsere Kulturpflanzen große, schmackhafte Früchte, Samen, Blätter und Wurzeln. Dies hatte aber auch den Verlust von Genen zur Folge. Die Fähigkeit, eigenständig für ihre Fortpflanzung zu sorgen, haben sie verloren. Auch die Toleranz gegen Konkurrenzpflanzen und Schaderreger ist vermindert und der Nährstoffbedarf ist größer geworden. Kulturpflanzen sind für ihr Wachstum und ihre Vermehrung vom Menschen abhängig. Bei jedem Vermehrungszyklus entstehen Mutationen, die gut oder schlecht sein können. Bei der Saatgutvermehrung ohne gezielte Selektion setzen sich im Laufe der

Frühe Reife ist bei Tomaten ein wichtiges Selektionskriterium.

Zeit diejenigen Individuen durch, die die größte Konkurrenzkraft haben und die am schnellsten die meisten Samen produzieren. Das sind meist nicht diejenigen, die wir in der Verwertung oder im Anbau schätzen. Buschbohnen können Ranken ausbilden, zarte Bohnenhülsen bastig oder fädig werden, stachellose Auberginen können wieder stachelig werden. Sie nähern sich ihren wilden Vorfahren allmählich wieder an.

In der Landwirtschaft spricht man vom Abbau einer Sorte, wenn sie selbst vermehrt wird. Es wird dazu geraten, jedes Jahr neues leistungsfähiges Saatgut zu kaufen. Der Schlüssel gegen diesen Abbau ist die gezielte Selektion.

Je größer die genetische Variabilität einer Herkunft, umso gestaltreicher und anpassungsfähiger ist diese. Daher sollten wir nicht zu wenige Pflanzen vermehren. Auch bei gleichen äußeren Merkmalen können genetisch Varianten vorliegen, die vielleicht in der nächsten Generation wichtig sind.

SELEKTIONS-METHODEN

NEGATIVE AUSLESE

Die am wenigsten geeigneten Pflanzen werden entfernt. Kranke, kümmerliche Pflanzen und solche mit falscher Farbe oder Form, die nicht dem Sortenbild entsprechen, werden aussortiert.

POSITIVE AUSLESE

Aus einem größeren Bestand werden nur die am besten geeigneten Pflanzen für die Weitervermehrung ausgewählt.

Auslese auf Frühreife: Die zuerst reifen Früchte oder Samen werden für die Weitervermehrung ausgewählt. Beispielsweise bei Erbsen, Bohnen, Tomaten oder Gurken.

Auslese auf Spätreife: Die am spätesten schießenden oder reifenden Pflanzen werden weitervermehrt. Besonders wichtig bei Salat.

Zweijährige Kulturen nach der Überwinterung

und setzt sich im Anbau fort. Die künftigen Samenträger sollten unter den gleichen Bedingungen wachsen wie die für die Verwertung bestimmten Pflanzen. So können wir im Laufe von vielen Vermehrungszyklen unsere eigene „Sorte“ entwickeln. Besonders bei Fremdbestäubern und bei nicht so einheitlichen Herkünften kann der Unterschied schon nach wenigen Generationen sichtbar werden.

ERHALTUNGSZUCHT

Erhaltungszucht ist die fortlaufende Vermehrung einer Sorte zum Erhalt des ursprünglich beschriebenen Sortenbildes.
Bei noch im Handel befindlichen Sorten ist im Bundessortenamt jeweils ein Erhaltungszüchter eingetragen. Dort ist Ausprägung der einzelnen Merkmale sehr genau beschrieben.
Bei nicht mehr im Handel befindlichen

Auslese auf Lagerfähigkeit oder Winterfestigkeit: Die Samen aus denjenigen Kürbissen werden entnommen, die sich im Winterlager am längsten halten. Die Zwiebeln, die am spätesten austreiben, die Wurzeln oder Pflanzen, die am besten über den Winter kommen, werden weitervermehrt.

AUSLESEZÜCHTUNG

Jede Vermehrung ist eine Selektion, ob gezielt oder unbewusst, eine ganz langsame Züchtung. In diesem Bewusstsein sollten wir unsere Pflanzen in jeder Wachstumsphase genau betrachten. Dies beginnt schon bei der Auswahl der besten, gedrungenen Jungpflanzen in der Saatschale oder auf dem Vermehrungsbeet

Selektion und Bonitur an Salaten

ehemaligen Zuchtsorten mit bekanntem Sortenbild kann man sich bei der Selektion nach dem Sortenbild richten. Es ist Ansichtssache und wird innerhalb der Vereine diskutiert, ob eine ehemalige Zuchtsorte nach dem Sortenbild erhalten werden sollte. Andererseits kann durch Selektion auch eine neue Variante entstehen, die Sorte kann sich weiterentwickeln und leistungsfähiger werden.
Eine Selektion ist umso wirkungsvoller, je größer der Bestand an Vermehrungspflanzen ist. Vermehren ist immer auch züchten.

ANZAHL DER PFLANZEN FÜR DIE VERMEHRUNG

Die Anzahl an Pflanzen für die Vermehrung richtet sich auch nach der Variabilität des verwendeten Saatguts. Eine bisher gut selektierte Sorte, besonders von Selbstbestäubern, wird nur die Entfernung von schwachen und kranken Pflanzen benötigen. Hier reicht die Mindestzahl an Samenträgern. Beispielsweise sind sechs Pflanzen bei Kürbissen oder Gurken für einen Sortenerhalt ausreichend.
Bei inhomogenem Saatgut oder wenig gepflegten Sorten, wozu auch Genbankherkünfte zählen, wird man aus einer großen Anzahl Pflanzen die geeigneten selektieren müssen. Das kann durchaus mehrere Jahre in Anspruch nehmen. Hier sind möglicherweise selbst 12 Pflanzen (bei Kürbissen und Gurken) noch zu wenig, da man die ungeeigneten, also kranken oder verkreuzten Pflanzen nach Sichtbarwerden entfernen muss und dann möglicherweise nicht mehr genügend Pflanzen für die Bestäubung zur Verfügung stehen.
Oft erhalten wir von neuem Saatgut nur eine geringe Menge und das Saatgut muss sich erst an unserem Standort anpassen. In diesem Fall dienen die ersten Vermehrungen in erster Linie dem Erhalt der Sorte und der Gewinnung von genügend Saatgut. Die Selektion muss dann erstmal zurücktreten.

Die Samenträger des überwinterten Rosenkohls 'Rubine' wurden gestäbt.

BEWAHRUNG DER SORTENREINHEIT

Wenn man mehr als eine Sorte der gleichen Art sortenrein vermehren möchte, muss man die Samenträger isolieren. Dazu gibt es eine Reihe von Strategien.

RÄUMLICHE ISOLATION

In der kommerziellen, großflächigen Saatgutvermehrung arbeitet man mit großen Abständen zwischen den Feldern der zu vermehrenden Sorten. Sogar bei Selbstbefruchtern wie Bohnen wird nur eine Sorte pro Feld vermehrt.
Im Hausgarten sind weit kleinere Abstände vertretbar. Als ersten Schritt sollte man sich über die räumlichen Gegebenheiten des eigenen Gartens ein paar Gedanken machen:

- Woher weht der Wind in der Hauptsache?
- Wo stehen die nächsten Bienenstöcke?
- Welche Hecken und Bauwerke bieten Schutz?
- Auch der Anbau auf den landwirtschaftlichen Felder in der Umgebung und in den Nachbargärten will bedacht sein.

Da die bestäubenden Insekten nicht überall gleichzeitig sein können, senkt auch ein reichliches Blütenangebot im Garten zwischen den Gemüsebeeten die Verkreuzungsgefahr. Aber Achtung: Honigbienen sind blütentreu. Sie suchen gezielt nach den Blüten der Art, die sie gerade beernten.
Gut strukturierte Gärten schaffen durch Hecken, Bäume und Bauwerke geschützte Nischen mit geringerer Verkreuzungsgefahr. Nach einigen Jahren Erfahrung wird man die Verkreuzungsgefahr für seinen Standort recht gut einschätzen können.

ZEITLICHE ISOLATION

Am einfachsten ist es, im Hausgarten von den fremdbefruchtenden Arten in jedem Jahr nur eine Sorte zu vermehren. Bei vielen Arten wird das auch vollkommen ausreichen. Durch einen zeitlich versetzten Anbau kann man bei einigen Arten den Blühzeitraum etwas steuern und so auch innerhalb eines Jahres zwei oder sogar mehrere Sorten sortenrein vermehren.

Tagetes zwischen Tomaten lenken Bienen von den Tomatenblüten ab und halten Schädlinge von den Pflanzen fern.

Isolierhaus

Isoliertunnel zum Schutz vor bestäubenden Insekten

BEISPIELE AUS DEM GARTEN

Die Dauer der Blütezeit einer halbwegs homogenen (einheitlichen) Maissorte beträgt etwa drei Wochen. Wenn man die Reifezeit seiner zu vermehrenden Maissorte gut kennt (früh, mittelfrüh, spät) kann man sich dies zunutze machen, um eine zeitliche Isolierung zu versuchen. Man kann eine frühe Zuckermaissorte zeitig vorziehen (Mitte bis Ende April) und sogar eventuell noch verfrühen durch Vliesbedeckung nach dem Auspflanzen. So sollte der Zuckermais vor dem Feldmais blühen. Auch kann eine später gesäte (Mitte Mai) spätere Sorte, die vielleicht noch farbige Körner hat (Popkornmais, Erdbeermais), erst nach dem Zucker- und Feldmais blühen. Je nach Höhenlage kann dann aber die Ausreife problematisch werden.
Auch bei Feldsalat und Spinat kann man eine Sorte überwintern und eine andere (möglichst spätschießende) Sorte im Frühjahr aussäen. Mit etwas Glück überschneiden sich die Blühzeiten nicht.
Bei Rettichen, Rübchen und Asia-Salaten blühen überwinterte Pflanzen vor den im Frühjahr gesäten einjährigen. Überwinternder Kohl blüht vor dem einjährig vermehrten Brokkoli.

VORSICHT NACHBLÜTE!

Beim zeitlich gestaffelten Abblühen muss die Kultur besonders gut beobachtet werden. Einzelne Seitentriebe können noch lange nach der Hauptblütezeit blühen. Diese Nachblüten werden entfernt oder mit einem Insektenschutznetz bedeckt. Insekten zur Bestäubung benötigt man jetzt nicht mehr. Beim Mais werden die Fahnen abgeschnitten, wenn die nächste Sorte zu blühen beginnt, und nur die ersten Kolben werden für Saatgut verwendet.

MECHANISCHE ISOLATION

Engagierte Erhalter mit vielen Sorten verwenden für die sortenreine Vermehrung einen Anbau unter Isoliertunnel. Dazu werden Kulturschutznetze über reichlich dimensionierte Drahtbügel gespannt und

Kleiner Isoliertunnel

an den Seiten durch Eingraben gut abgedichtet. Um die Tunnel betreten zu können, wird das Netz im Eingangsbereich doppelt gelegt. In größeren Tunneln können mehrere Arten gleichzeitig abblühen.
Durch die Kulturschutznetze werden die Samenträger von Bestäuberinsekten hermetisch getrennt. Um eine Befruchtung zu ermöglichen, muss man Bestäuberinsekten wie Erdhummeln, Schmeißfliegen, Solitärbienen oder Schwebfliegen in die Tunnel einsetzen. Am einfachsten zu beschaffen sind Fliegenlarven aus dem Zoohandel.
Das Einnetzen führt allerdings zu mehreren Problemen. Da die Luftbewegung und der Luftaustausch unter den Netzen deutlich geringer sind als außerhalb, wird es im Inneren heißer und die Luftfeuchtigkeit steigt. Durch das veränderte Kleinklima vermehren sich vorhandene Läuse, besonders die gefürchtete mehlige Kohlblattlaus, und andere eingesperrte Insekten schneller. Pilzbefall wird gefördert und Mäuse fühlen sich sicher. Auch die Bestäubung ist vermindert: einerseits aufgrund von Hitze und Luftfeuchtigkeit, aber auch wegen der schlechteren Pollenübertragung durch Fliegen.
Bei Windbestäubern kann auch das Einnetzen eine Pollenübertragung nicht vollständig verhindern, da die Netze nicht pollendicht sind.

SELEKTION VOR DER BESTÄUBUNG

Eine Selektion auf Sortenreinheit ist nur möglich, wenn vor der Bestäubung die „falschen" Pflanzen entfernt werden können. Nur so wird vermieden, dass sich die falschen wieder fortpflanzen und ihr Erbgut in der Population verbreitet wird. Dies betrifft vor allem Kürbisse und Gurken, wenn sich erkennbar Pflanzen mit Früchten in falschen Farben oder Formen im Bestand befinden. Hier muss die Selektion auf Sortenreinheit vor der Bestäubung stattfinden. Andererseits erkennen wir untypische Früchte erst einige Zeit nach dem Fruchtansatz. Falls wir Pflanzen mit „falschen" Früchten bemerken, müssen noch einmal alle Früchte und geöffneten Blüten aller Pflanzen sowie die falschen Pflanzen komplett entfernt werden. Nur so können sich die „richtigen" Pflanzen gegenseitig befruchten und wieder sortenreine Samen ausbilden. Hoffentlich sind dann noch genügend Pflanzen vorhanden. Wenn der Verdacht auf Einkreuzung besteht, sollte sicherheitshalber mit deutlich mehr Ausgangspflanzen begonnen werden.

HANDBESTÄUBUNG

Eine Handbestäubung ist zwar im Prinzip bei allen Blüten möglich, in der Praxis ist dieser enorme zusätzliche Aufwand nur bei Pflanzen mit großen Einzelblüten wie Kürbissen, Melonen und Gurken sowie bei Mais sinnvoll. Die Blüten müssen vor der Befruchtung kastriert werden, um eine Selbstbestäubung zu verhindern.

ÜBERWINTERUNG VON ZWEIJÄHRIGEN KULTUREN

Kulturen, die erst nach einer Überwinterung im zweiten Jahr blühen, benötigen einen mehr oder weniger langen Kältereiz, um in Blühstimmung zu kommen. Das muss nicht unbedingt Frost bedeuten.

FAKTOREN FÜR WINTERHÄRTE

In unserem Klima sind nur wenige Gemüsekulturen absolut winterhart: Pastinake, Grünkohl, Schwarzwurzel, Winterheckenzwiebel, meist auch Lauch und Rosenkohl. Unsere Winter werden zwar seit einiger Zeit im Durchschnitt immer milder, aber mit heftigen Kälteeinbrüchen bis unter –20 °C müssen wir weiterhin rechnen. Sie dauern allerdings nicht mehr so lange wie früher, meist nur wenige Tage. Ähnlich ist es mit der schützenden Schneebedeckung, die kaum noch länger liegen bleibt. Bei Kahlfrösten leiden die Pflanzen mehr.
Wind ist ein weiterer Faktor, der die Winterhärte beeinflusst. Nicht nur bei uns Menschen ist die gefühlte Temperatur in Verbindung mit Wind deutlich niedriger als bei Windstille oder in windgeschützter Umgebung. Dies gilt auch für unsere Pflanzen. Die gefrorenen Blätter und Pflanzenteile werden durch den Wind bewegt, wodurch die Eiskristalle in den Zellen ihre schädigende Wirkung entfalten können. Beim Auftauen werden die Zellen dann zu Matsch.
Häufig sieht es zu Beginn des Winters bei vielen Kulturen wie Radicchio, Zuckerhut, Kohlarten oder Mangold recht gut aus. Die ersten Nächte mit tiefen Temperaturen überstehen sie gut. Im Laufe des Winters, bei häufigem Gefrieren und wieder Auftauen, Nässeperioden, Wind und Sonnenschein können die Schäden bis zum Frühjahr jedoch zu groß für einen Wiederaustrieb sein.
Ähnlich ist es bei im Boden überwinternden Wurzeln wie Rettichen oder Möhren. Gefrieren und wieder auftauen führt zu Rissen in den Wurzeln, die das Faulen begünstigen und den Austrieb im Frühjahr erschweren.
Nicht zu unterschätzen ist der austrocknende Faktor des Windes, vor allem in Verbindung mit Sonnenschein nach Frostnächten. Frost führt durch das Ausdehnen der Erde zu Wurzelabrissen, wodurch die Pflanzen weniger Wasser aufnehmen können. Mit Windschutz, zum Beispiel durch eine Abdeckung aus Reisig, mit Vlies, Stroh oder Laub, und durch ein günstiges Kleinklima in Hausnähe, kann man die Winterhärte enorm verbessern.
Es ist nicht möglich, hier absolute und überall zutreffende Empfehlungen zu geben. Letztendlich muss man ausprobieren,

Überwinterter Rettich 'Hilds Blauer' vor dem Einpflanzen

Überwinterte Pastinake

Knollensellerie mit sehr gut ausgebildetem Wurzelwerk

was geht. Rettiche, Mangold und Zuckerhut können mit etwas Winterschutz oder in einer günstigen Gartenecke häufig über den Winter gebracht werden.

In klimatisch günstigen Lagen wie der Pfalz überwintern auch Möhren, Artischocken und Kohlarten im Freien unter Strohabdeckung. Dann muss man aber die Mäuse im Blick haben.

Je nach Klimazone und kleinklimatischer Lage des Grundstücks können auch noch viel mehr Kulturen im Freien überwintern.

WER ZU FRÜH BLÜHT, WIRD IGNORIERT!

Manchmal kommt es bei Arten, die zweijährig vermehrt werden wie Möhren oder Rote Bete, schon im ersten Jahr zu sogenannten Vorblühern. Von diesen Pflanzen darf auf keinen Fall Saatgut gewonnen werden.

1. Kokossubstrat und Sägespäne: In diese Mischung schlagen wir die Rote Bete und andere zweijährige Knollen und Wurzeln für die Überwinterung ein.

2. So sollte die Rote Bete am Kopf aussehen. Die äußeren Blätter wurden entfernt, das innerste Blättchen ist jedoch noch gut sichtbar.

3. Sorgfältiges Arbeiten ist wichtig bei der Einwinterung.

4. Fertig zum Überwintern: Rote Bete in Kiste

5. Beim Einlagern werden Verletzungen mit Holzasche desinfiziert, um Fäulnis zu verhindern.

ÜBERWINTERUNG

Kulturen, die nicht im Freien überwintern können, müssen im Herbst geerntet bzw. ausgegraben werden und geschützt und annähernd frostfrei überwintern.
Beim Einschlagen im Herbst sollten nur gesunde und unverletzte Vermehrungspflanzen ausgewählt werden.
Im Winterquartier müssen die künftigen Samenträger regelmäßige auf Fäulnis kontrolliert werden. Alle kranken, faulenden Pflanzen werden rasch entfernt. Kleine Fäulnisherde kann man ausschneiden und mit Holzasche oder Holzkohlepulver desinfizieren. Gammelige, faulende Blätter werden entfernt. Ebenso wichtig ist die Überprüfung der Feuchte des Substrats, in das die Wurzeln eingelagert sind. Es sollte weder vernässen noch völlig austrocknen.

GEEIGNETE ORTE

Einen Überwinterungsplatz zu finden, stellt für viele Hobbygärtner zunächst ein Problem dar, da die meisten nicht über geeignete Erdkeller, Scheunen oder Gewächshäuser verfügen. Sehr wichtig ist die Mäusefreiheit des Lagers. Daher scheiden Gartenhäuser und Frühbeetkästen aus, es sei denn, man kann den Mäusen den Zutritt verwehren.

DUNKLE ÜBERWINTERUNG VON WURZELN

Bei der Vorbereitung der Samenträger für die Überwinterung ist es wichtig, die Blätter sehr vorsichtig zu entfernen, um den Vegetationskegel nicht zu beschädigen. Sie sollten auch keine starken Fraßschäden, zum Beispiel durch die Möhrenfliege, aufweisen. Beschädigungen desinfizieren wir mit Holzasche oder feingemahlener Kohle. So sorgfältig vorbereitet werden nur die selektierten, ausgewählten künftigen Samenträger. Um Lagerverluste auszugleichen, werden immer etwas mehr Wurzeln eingelagert. Da die Blätter entfernt wurden, benötigen die Pflanzen kein Licht. Die zunehmend wärmere Witterung im Spätherbst führt zwar zu vorzeitigem Austrieb, der aber zum Stillstand kommt, wenn es richtig kalt wird.
Als Substrat für die Wurzeln bevorzugen wir eine Mischung aus etwa einem Viertel Kokossubstrat (Kokosblöcke zum Aufquellen in Wasser legen) und drei Vierteln Sägespäne (Heimtierbedarf). Die Mischung hat gleich die passende Feuchtigkeit. Dieses Substrat hat ein geringes Gewicht, wodurch die Kisten nicht so schwer werden. Auch andere Substrate wie Sand (sehr schwer) oder Erde gemischt mit Sägespänen sind geeignet. Wichtig ist, jährlich frisches Substrat zu verwenden, da man sonst Fäulniskrankheiten verschleppen kann.
Die Wurzeln werden senkrecht oder bei langen Wurzeln leicht schräg in wasserdurchlässigen Kisten mit Substrat eingebettet. Um das Herausrieseln des Substrats zu vermeiden, schlagen wir die Kiste mit einem Papiersack aus. Die Wurzeln werden ohne Laub und ungewaschen eingelagert. Die Feuchtigkeit des Substrats muss im Winter ab und zu geprüft werden. Es sollte sich stets leicht feucht, aber nicht klatschnass anfühlen.
Die Kisten lagern über Winter in einem nahezu frostfreien Raum. Bei uns stellte sich eine Garage als geeignet heraus.
Eingegrabene Waschmaschinentrommeln dienen zur Lagerung der ungewaschenen Wurzeln von Möhren, Roter Bete, Rettich, Pastinaken, Petersilienwurzeln oder Knollensellerie, die im Laufe des Winters konsumiert werden. Diese werden einfach in die Trommeln eingeschichtet, mit einem mäusesicheren Deckel versehen und regengeschützt abgedeckt. Bei strengem Frost kommen weitere isolierende Abdeckungen obendrauf. Da die Wurzeln untereinander Kontakt haben und sich dadurch auch mal Fäulnis ausbreiten kann, ist diese einfache Lagerung für Samenträger jedoch zu riskant. Außerdem gelingt es immer wieder

01

02

kleinen Schnecken, durch die Löcher ins Innere zu gelangen. Sie fressen dann bevorzugt den zarten Vegetationskegel oben an. Bete und Rettiche können auch im Topf dunkel in einem Keller überwintert werden. Mancher findige Gärtner hat seine außen liegende Kellertreppe zum Gewächshaus überdacht und kann mit oder ohne Heizung dort Samenträger überwintern.

ÜBERWINTERUNG MIT BLÄTTERN

Kulturen, die mit Blättern überwintert werden, wie Mangold, Artischocke, Kohlrabi und Kohlstrünke, Fenchel und Zichorien, benötigen wenigstens etwas Licht. Ich überwintere sie in einem kleinen, gut isolierten Gewächshaus im Hausgarten mit Elektroheizung. Da alle Kulturen leichte Fröste vertragen, schalte ich die Heizung nur in Nächten ein, in denen die Temperatur im Außenbereich unter −5 °C abzusinken droht. Meist betrifft das nur fünf bis zehn Nächte im Jahr. Am einfachsten ist es, diese Pflanzen im Garten auszugraben und im Gewächshaus wieder einzugraben – und im Frühjahr umgekehrt. Es hat sich aber gezeigt, dass so häufiges Umpflanzen nicht von allen Kulturen gut vertragen wird. Besonders wenn sie im Gewächshaus aufgrund der Frühjahrssonnenwärme schon weit angetrieben sind und es zum Auspflanzen noch zu nass oder kalt ist. Daher pflanze ich diese Kulturen zunehmend im Herbst in größere Töpfe mit Kultursubstrat (Blumenerde) und lasse die Pflanzen darin im kommenden Jahr zum Teil auch abblühen. Dadurch kommen heikle Kulturen wie Gelbe Bete, Sommer-Rettiche oder Fenchel leichter bis zur Samenreife. Auch der Zeitpunkt des Ausräumens aus dem Gewächshaus ist variabel. Nachteilig bei der Topfkultur ist der erhöhte Gieß- und Betreuungsaufwand. Daher pflanze ich auch im Topf überwinterte Samenträger gerne im Frühjahr wieder in Gartenbeete aus.

AUSWINTERN

Die Wurzeln aus dem dunklen Winterlager kommen so bald wie möglich ins Freie. Nach Ende der starken Fröste, Ende Februar oder März, stellt man alle nach draußen, zunächst an einen geschützten Ort. An Sonne und Wind müssen sie sich erst langsam wieder gewöhnen, eventuell hilft eine Vlies-

03

04

abdeckung. Ausnahme: Überwinterte Speisezwiebeln, auch schon angetriebene, pflanzen wir ohne weitere Vorbereitung direkt ins Beet aus.
Bei Bedarf gießen! So werden die bereits ausgetriebenen Blätter wieder grün und stabil, und es bilden sich erste neue Wurzeln.

AUSPFLANZEN

Das Auspflanzen der überwinterten Samenträger stellt bei uns die erste Arbeit in den Beeten dar. Idealerweise haben wir die Beete bereits im Herbst dafür vorbereitet und können sie eventuell mit Brettern früh betretbar machen. Frühes Auspflanzen in den winterfeuchten Boden erleichtert das Anwachsen. Die Wurzeln haben nicht zu viele ihrer Reservestoffe verbraucht und (im Fall von Möhren) gegenüber den Wilden Möhren einen Vorsprung.
Für das Auspflanzen der Samenträger aus dem Winterquartier ins Freie wählen wir möglichst einen windfreien, bewölkten Tag. Durch Sonnenschein steigt die Gefahr des Austrocknens oder Verbrennens der zarten Blättchen durch Wind oder Sonne.
Die samentragenden Pflanzen benötigen oft erheblich mehr Platz im Garten. Zum einen wegen ihrer großen Samenstände beispielsweise bei Radieschen, Asia-Salaten und Mangold/Bete. Aber auch um zur besseren Selektion und Beobachtung der Einzelpflanzen ein zu starkes Ineinanderwachsen zu vermeiden. Die gilt es beispielsweise bei Bohnen oder Erbsen zu beachten.
Angießen nicht vergessen und regelmäßig feucht halten! Für eine schnelle und gute Neubewurzelung von Samenträgern, besonders von Wurzelgemüse, sind regelmäßige, ausreichende Wassergaben nötig.
Eine Abdeckung mit Vlies gegen kalte Nächte und austrocknende Winde ist hilfreich.

01 Überwinterung von Mangoldpflanzen – eingegraben im Gewächshaus

02 Überwinterung in Töpfen ist auch möglich.

03 Nach dem Auswintern gewöhnen sich die Pflanzen an einem geschützten Ort an Licht und Luft. Diese Wurzeln haben schon wieder grüne Blätter. Jetzt ist es höchste Zeit zum Auspflanzen.

04 Umpflanzen der im Folienhaus überwinterten Zichorie 'Aurelia TT' in den Garten: Auf ausreichend Abstand zur nächsten Pflanze ist zu achten.

PFLEGEMASSNAHMEN

Zwischen Nutzungs- und Saatgutreife hat die Pflanze ein erhebliches Wachstum zu bewältigen. Für eine gute Ausreife der Samen benötigt sie zusätzliche Nährstoffe, ausreichend Wasser, viel Licht, Sonne und höhere Temperaturen.

ALLGEMEINE GARTENARBEITEN

Pflegemaßnahmen wie Jäten und Lockern müssen auch bei den Samenträgern weiter durchgeführt werden. Zum einen wegen der Konkurrenz um Wasser und Nährstoffe. Zum anderen, weil starker Unkrautbewuchs die Luftfeuchtigkeit erhöht und so die Abreife verzögert.
Eine gute Samenqualität wächst nur bei trockener und sonniger Witterung während der Reife heran. Reifende Samen sind bei anhaltenden Regenfällen, dauerfeuchtem Boden und hoher Luftfeuchtigkeit von Pilzkrankheiten bedroht. In Jahren mit ungünstiger Witterung kann die gesamte Samenernte verdorben sein.

01

DÜNGEN

In den Samen sind je nach Art Fette, Kohlenhydrate und Eiweiß in konzentrierter Form eingelagert. Sie dienen dem Embryo als Nährgewebe. Nährstoffmangel kann zum Beispiel besonders bei Kohlarten zu verkümmertem Saatgut führen. Andererseits können zu hohe Stickstoff-

02

03

04

gaben das Risiko für Pilzkrankheiten und für Fäulnis stark erhöhen. Zu viel Stickstoff führt zu weichen, wasserreichen Blättern, Wurzeln, Knollen und Zwiebeln. Insbesondere bei der Vermehrung von zweiährigen Kulturen, die monatelang im Winterquartier überdauern müssen, ist ein hoher Stickstoffgehalt im Boden in den letzten Wochen der Kultur zu vermeiden.

GIESSEN

Ab Spätsommer ist die Bewässerung bei den zweijährigen Vermehrungspflanzen für ein festes Gewebe und gutes Ausreifen zu drosseln.

UNTERSTÜTZUNG

Je nach Kultur sollten wir den Samenträgern spätestens in der Blüte eine Stützmöglichkeit bieten. Mit der Samenreife werden sie schwer und würden umfallen, auf dem feuchten Boden vergammeln und von Schnecken und Mäusen gefressen werden. Rankende Pflanzen (Bohnen, Erbsen, Gurken je nach Sorte) brauchen ein stabiles Gerüst aus Bohnenstangen, Netzen oder Baustahlmatten, um sich selbst festzuhalten oder um festgebunden zu werden. Genaueres zu den jeweils nötigen Kulturmaßnahmen folgt bei den einzelnen Gemüsearten ab Seite 60.

01 Salatsamenträger mit beginnender Blüte

02 Möhre mit Austrieb nach Überwinterung – besser bis zum Blattansatz einpflanzen!

03 Zwiebelblüten durch Bambusstäbe gestützt

04 Stangenbohnen an einem Rankgerüst (Tipi) aus Bambusstäben

Zwiebel-Blütenstand in der Reife, mit ausgesaugten Blütchen durch Wanzen

Zum Schutz vor Saugschäden durch Wanzen wurden die Zwiebelblüten eingetütet.

KRANKHEITEN UND SCHÄDLINGE IM SAMENBAU

Im Samenbau treten die gleichen Krankheiten und Schädlinge auf wie im allgemeinen Gartenanbau. Daneben gibt es aber auch noch einige Besonderheiten zu beachten.

Ziel ist kein schädlings- und krankheitsfreier Bestand, sondern ein Bestand, der trotz Auftreten von einigen Schädlingen und Krankheitssymptomen nicht zusammenbricht.
Gesunde Mutterpflanzen sind die Voraussetzung für gesundes Saatgut.

BIOLOGISCHES GÄRTNERN

Biologischer Anbau heißt, dass vor allem ohne schnell wirkende Stickstoffdünger und chemisch-synthetischen Pflanzenschutz gearbeitet wird. Hier eine Kurzübersicht über die wichtigsten Maßnahmen im Biogarten:

MISCHKULTUR

Es gibt keine größeren Flächen mit nur einer Pflanzenart. Unterschiedliche Arten fördern sich gegenseitig im Wachstum und halten Schädlinge fern.

FRUCHTFOLGE UND FRUCHTWECHSEL

Wir wechseln den Standort einer Art von Jahr zu Jahr.

BEDARFSGERECHTE DÜNGUNG

Kompost und biologische Stickstoffdünger werden an den Bedarf der Kulturpflanzen angepasst. Sowohl Überdüngung als auch Nährstoffmangel vermindert die Vitalität. Nährstoffmangel verhindert auch die Ausbildung von sortentypischen „Köpfen“ bei Rüben, Knollen und Früchten. Er führt zu geringem Samenansatz und Samen schlechter Qualität (Kümmerkörnern).

PFLANZENSTÄRKUNGSMITTEL

Sie stärken die Pflanzen und helfen zum gesunden Wachstum. Brennnesseljauche und Schachtelhalmbrühe (siehe S. 95) können wir selbst ansetzen oder wir greifen auf Mittel aus dem Handel zurück. Alle Stärkungsmittel, Schachtelhalm- und Brennnesselanwendungen wirken nur präventiv (vorbeugend). Man sollte Stärkungsmittel regelmäßig vor Auftreten von Krankheitsanzeichen anwenden. Bei Gurken und Sommerkürbissen, die oft jung von der Pflanze weg genutzt werden, sollte eher keine Jauche verwendet werden. Tees und Auszüge (ohne Vergärung) bergen keine Gefahr, gefährliche Keime (z. B. E. coli) zu verbreiten.

Zwiebelvermehrung in Mischkultur mit Koriander und Kosmeen

TYPISCHE SCHÄDLINGE IM SAMENBAU

LATTICHFLIEGE, SALATFLIEGE

Beim Gartensalat kann die Lattich- oder Salatfliege ihre Eier in die reifenden Körbchen ablegen. Wir finden dann in der Reife kleine Larven statt Samen in den vertrockneten Blüten. Die Puppe überwintert im Boden. Der Befall mindert den Samenertrag meist aber nicht erheblich.

WANZEN

Zwiebel- und Lauchblüten werden nach der Blüte gerne von Wanzen besucht, die die reifenden Samen aussaugen. Dies sollte man genau beobachten. Bei Massenauftreten kann der Schaden erheblich sein. Zur Abhilfe kann man die Samenstände nach der Blüte bis zur Reife zum Beispiel in Teefiltertüten eintüten.

ERDFLÖHE

Sie schädigen hauptsächlich junge Pflanzen der Kohlfamilie. Bei Asiasalaten, Rübchen und Kohlrüben haben wir schon Totalausfälle erlebt, da auch die Samenstände praktisch aufgefressen werden. Bei größeren Pflanzen kann ein Befall eher toleriert werden. Junge Pflanzen kann man mit einem engmaschigen Schutznetz (Maschenweite

Angefressene Kohlschötchen

Massiver Befall mit Erdflöhen

Mausschaden an Radieschen

Erbsenwicklerlarven

0,6 x 0,6 mm) bedecken. Ab der Blüte ist das jedoch schwierig. Eine Bekämpfung mit Neem ist möglich. Wir versuchen durch Überwinterung der Pflanzen einen Vorsprung vor dem Schädling zu gewinnen.

RAPSGLANZKÄFER

Dieser Käfer wandert von nahen Rapsfeldern in die Gärten zu. Er beißt die Blütenknospen auf und frisst Pollen, Stempel und Fruchtknoten. So ist keine Befruchtung möglich. Da aber Kohlarten sehr lange blühen können, lässt sich der Befall oft einfach „aussitzen". Bei starkem Befall kann man ihn mit Spruzit® (Natur-Pyrethrum und Rapsöl) bekämpfen. Dies hilft zwar nur kurze Zeit, was aber ausreicht, um doch noch Blüten und Schötchen anzusetzen.

KOHLSCHOTENRÜSSLER

Bei Bodentemperaturen ab 12 °C nach Regenfällen im Frühjahr schlüpfen die Käfer und fliegen bei Blühbeginn in die Rapsfelder oder Kohlvermehrungen. Zur Eiablage beißt der Kohlschotenrüssler junge Schoten an und belegt sie mit je einem Ei. Die belegten Schoten werden mit einem Sekret markiert, um eine erneute Belegung durch ein anderes Weibchen zu verhindern. Die Larve frisst zwei bis drei Samenanlagen aus und verlässt dann die Schote zur Verpuppung im Boden, wo sie überwintert.

Abhilfe schaffen weite Fruchtfolgen und die Förderung natürlicher Gegenspieler (Schlupfwespen) durch Blühstreifen. Flache Bodenbearbeitung fördert überwinternde Larven von Parasiten. Eine direkte biologische Bekämpfung ist nicht möglich.

KOHLSCHOTENMÜCKE

Die Puppe überwintert im Boden vorjähriger Rapsfelder. Im Mai, bei Bodentemperaturen von 12 bis 15 °C, schlüpft die Mücke. Sobald Schoten gebildet werden, fliegen die Weibchen zur Eiablage auf die Schoten. Die zahlreichen wurmähnlichen Larven leben in den Schoten und besaugen die Schoteninnenwand. In der Folge kommt es zum Anschwellen der Schoten. Sie werden gelb, verkrümmen und platzen vorzeitig auf. Dadurch kommt es zum Ausfall der Samenkörner.
Kohlschotenmücken können selbst nur junge Schoten bis zu einer Größe von 1 cm mit Eiern belegen. Bei älteren Schoten nutzen sie die durch den Kohlschotenrüssler verursachten Löcher.
Ein Teil der Larven schlüpft sehr bald und kann noch einmal den Winterraps oder andere Kreuzblütengewächse befallen, die zur Gründüngung angebaut werden und zum Blühen kommen. Die Kohlschotenmücke legt keine langen Wege im Flug zurück, daher sind viele Rapsfelder nur an den Rändern befallen.

ERBSENWICKLER

Dieser etwa 8 mm große, gelbbraune Kleinschmetterling befällt Erbsen, Wicken und Platterbsen. Ab Ende Mai werden blühende Erbsen angeflogen. Die Eiablage erfolgt von Mitte Juni bis Mitte Juli an die Kelch- und Blütenblätter und Blattunterseiten. Die schlüpfenden Larven fressen sich in die Hülsen ein und fressen drei Wochen lang an je drei bis vier weichen Körnern. Während der Erbsenreife verlassen die Larven die Hülsen durch Aufplatzungen oder ein Ausbohrloch und wandern in den Boden ab. Dort überwintern sie in 3 bis 5 cm Tiefe in einem Kokon. Es tritt eine Generation im Jahr auf. Erbsenwickler werden durch Schlupfwespen parasitiert und lassen sich durch tiefe, intensive Bodenbearbeitung reduzieren.

GEMEINER ERBSENKÄFER

Der erwachsene Käfer ist etwa 5 mm lang, auf der Oberseite dicht behaart mit einem Muster aus braunen, grauen und weißen Flecken. Das Weibchen legt innerhalb einiger Wochen bis zu 100 Eier auf junge Erbsenschoten. Die Larven fressen sich in je eine Erbse ein und verpuppen sich später auch in dieser. Der Schaden kann bis zu 100 % betragen. Die Käfer schlüpfen im Herbst. In Gebieten mit Winterfrost überwintert der Käfer in der Erbse im Vorratslager. Im Gegensatz zum Bohnenkäfer vermehrt sich der Erbsenkäfer nicht auf dem Erntegut. Daher sollten die Erbsen unmittelbar nach der Ernte aufbereitet und, sehr gut getrocknet, tiefgefroren werden. Starker Käferbefall kann Keimfähigkeit und Haltbarkeit der Samen beeinträchtigen.

Massiver Befall von Krautfäule bei Tomaten

Bohnenkäfer – ein gefürchteter Schädling, der sich auch im Lager weiter vermehrt.

Wegen des zunehmend früheren Befalls durch den Erbsenkäfer ist eine Erbsenvermehrung in manchen Gegenden ohne besondere Schutzmaßnahmen nicht mehr möglich.
Gegen Erbsenwickler und Erbsenkäfer hilft die Bedeckung der Erbsen ab Blühbeginn mit einem Insektenschutznetz (Maschenweite 1,35 x 1,35 mm). Das Netz muss aber wirklich an den Rändern ganz dicht sein. Die höheren Temperaturen unter dem Schutznetz können allerdings Läuse und Mehltaubefall begünstigen.

BOHNENKÄFER

Die Käfer und ihre Larven befallen in erster Linie Gartenbohnen und Feuerbohnen, aber auch viele andere Hülsenfrüchte, einheimische und exotische. Der Speisenbohnenkäfer wurde in Europa durch importierte Bohnen eingeschleppt und ist inzwischen überall verbreitet.
Speisebohnenkäfer können 3,2 bis 4,0 mm lang werden und leben in Vorräten oder im Freien. Eine einzelne Bohne kann bis zu 30 Käfer enthalten. Nicht nur auf frischen Bohnen, sondern auch auf den getrockneten Hülsenfrüchten im Vorratslager vermehrt sich der Speisebohnenkäfer weiter.

Im Freien legen die Käferweibchen ihre Eier bevorzugt an die Bohnensamen selbst ab. Neben frei liegenden Samen belegen sie solche an der Pflanze durch teilweise geöffnete Hülsen oder nagen selbst Löcher durch die Hülsenwand oder -naht. Aus dem Ei schlüpft eine Larve mit Beinen, die sich in die Samen der Bohne hineinfrisst. Unter günstigen Temperaturbedingungen werden bis zu fünf Generationen pro Jahr gebildet.
Daher sollten alle Hülsenfrüchte nach der Ernte und gut getrocknet für 14 Tage durch Tiefkühlen bei –18 bis –20 °C von Käfern und ihren Eiern befreit werden.

LÄUSE

Läuse gehören gewissermaßen zur Grundausstattung eines Biogartens. Im Frühsommer vermehren sich die Läuse in jedem Jahr schneller als die Nützlinge. Bei reichem Blütenangebot (erwachsene Schwebfliegen, Florfliegen und andere leben von Pollen und Nektar) stellt sich nach wenigen Wochen ein Gleichgewicht ein, das im Wesentlichen über den Sommer anhält. Dazu dürfen wir jedoch nicht großflächig Insektizide versprühen, die Läuse und Nützlinge gleichermaßen vernichten würden.

Mehlige Kohlblattlaus an Kohlschoten, parasitiert durch Schlupfwespen

Es gibt jedoch einige Ausnahmen, bei denen ein Eingreifen geboten ist:

— Paprikapflanzen leiden in der Anzucht häufig unter Läusebefall, meist mit der Grünen Pfirsichblattlaus, die sehr früh aktiv ist. Ohne Bekämpfung gedeihen die Pflanzen nicht und geben die Läuse auch an weniger empfindliche Pflanzen in Haus oder Gewächshaus weiter. Nach dem Auspflanzen in den Garten regulieren sich die Läuse meist von selbst.
— Gartenbohnen, Feuerbohnen und Dicke Bohnen werden oft von der Schwarzen Bohnenlaus befallen. Sind die Pflanzen noch sehr jung und der Befall nicht innerhalb einer Woche durch Nützlinge deutlich reduziert, sollte man eingreifen. Ältere Bohnen haben unangenehm rau behaarte Blätter, die von den Nützlingen gemieden werden. Die Läuse saugen an Blüten und jungen Hülsen und schädigen diese.
— Unsere Kohl-Samenträger sind wertvoll. Der Samenertrag kann komplett durch Befall insbesondere mit der Mehligen Kohlblattlaus vernichtet werden. Ein Anfangsbefall an wenigen Pflanzenteilen kann sich innerhalb kurzer Zeit auf den ganzen Bestand ausbreiten. Dies rechtfertigt ein Eingreifen. Die Mehlige Kohlblattlaus wird von Schlupfwespen parasitiert. Wenn wir eine erhebliche Parasitierung feststellen, ist keine Bekämpfung nötig und sollte zum Schutz der Nützlinge unterlassen werden.

ANTI-LÄUSEMITTEL

Ein günstiges Mittel zur Läusebekämpfung, im Freiland einigermaßen nützlingsschonend, können wir selbst herstellen:
Vorratsmischung aus 850 ml Speiseöl (Rapsöl bevorzugt) und 150 ml Spülmittel in einer großen Flasche mischen. Die Mischung muss vor Gebrauch geschüttelt werden.
20 ml dieser Mischung werden mit 1 l Wasser (2 %ig) verdünnt und gebrauchsfertig in einem Sprüher angerührt. Die betroffenen Pflanzenteile werden tropfnass von allen Seiten besprüht. Eine Wiederholung bei erneutem Befall ist meist nur bei der Weißen Fliege nötig.

Feldsalat in voller Blüte

SAATGUTERNTE UND -AUFBEREITUNG

Nach Johanni (24. Juni) stellt sich der Entwicklungsrhythmus der Natur von Wachstum auf Reife um. Jetzt sollten die Samenträger häufiger beobachtet werden.

Die ersten Pflanzen, die abreifen, sind Feldsalat, Rucola und Spinat, gefolgt von den überwinternden zweijährigen Kohlarten. Ab August reifen Salate, Möhren und Zwiebeln, Beete und andere.

SAATGUTERNTE

Schönes warmes Sommerwetter zur Samenreife wirkt sich positiv auf die Qualität des Saatguts aus. Solche Partien behalten ihre Keimfähigkeit und Triebkraft am längsten.

DER BESTE ZEITPUNKT

Eine genaue Angabe, wann geerntet werden sollte, ist schwer zu treffen. Bei den Kohlgewächsen nimmt man ab dem Gelbwerden der ersten Schoten immer mal wieder eine Probe. Sind die Samenkörner schon braun und hart oder noch ganz grün und weich? Dann muss noch gewartet werden.
Bei Kulturen, deren Schoten bei Reife aufplatzen (Asia-Salate, Rucola) oder abfallen (Feldsalat), muss geerntet werden, sobald die ersten Schoten ganz reife Körner enthalten oder die Nüsschen beim Feldsalat braun sind und auf dem Boden liegen.
Sie werden mit Stängel geerntet und reifen beim langsamen Trocknen noch etwas nach. Bei Radies/Rettich, Bohnen, Erbsen, Zichorien, Spinat, Getreide, deren Schoten oder Samen nicht aufplatzen oder abfallen, kann man warten, bis diese ganz braun sind.

DAS WETTER IM BLICK HABEN

Am günstigsten ist es, wenn trockenreife Samenstände geerntet werden können.
In kühleren Lagen ist das jedoch oft schwierig. Eine wichtige Rolle spielt dabei die Witterung. Anhaltend feuchtes Wetter verdirbt die reifenden Samen. Manche keimen auch vorzeitig aus oder die Samen verfaulen. Besonders empfindlich sind Salatsamen. Bei häufigem Regen zwischen Blüte und Samenreife kann man gar kein Saatgut ernten. Hier muss rechtzeitig für eine Überdachung gesorgt werden. Ist eine Regenperiode angekündigt, gilt es abzuwägen, ob eine vorzeitige Ernte der ganzen Pflanzen und Nachreifen im Trockenen genug keimfähiges Saatgut bringt.

MEHRFACH ERNTEN

Bei manchen Kulturen wie Möhren, Zwiebeln und Stangenbohnen wird nicht der ganze Bestand auf einmal geerntet, sondern man schneidet oder pflückt mehrmals die jeweils reifsten Dolden, Ähren oder Hülsen ab. Dadurch reduzieren wir das Wetterrisiko.

MEHR ZEIT FÜR DIE REIFE

Kulturen, die im Herbst nicht mehr rechtzeitig abreifen (Brokkoli oder Fenchel) kann man in große Töpfe eintopfen und im Gewächshaus oder Wintergarten aufstellen. So besteht die Chance, doch noch eine Samenreife zu erzielen.

SAATGUT-AUFBEREITUNG

Das an der Pflanze gereifte Saatgut wird je nach Art so aufbereitet, dass es einigermaßen sauber aufbewahrt und verbreitet werden kann.

NASSVERARBEITUNG OHNE GÄRUNG

Bei Fruchtgemüse wie Kürbis, Paprika (bei scharfen Sorten Handschuhe tragen!) oder Honigmelonen liegen die Samen frei in der Frucht. Wir entnehmen die Samen aus gut ausgereiften Früchten und trocknen sie. Bei Kürbissen und Melonen werden die Samen zuvor gewaschen, um Reste des Fruchtfleisches zu entfernen.

Anders bei Fruchtgemüse mit vielen Samen im Fruchtfleisch wie Physalis, Aubergine oder Litschitomate. Hier werden die Samen mit Fruchtfleisch in reichlich Wasser gegeben und mit einem Stabmixer bearbeitet. Die schweren Samen sinken auf den Boden des Gefäßes, das darüber schwimmende Fruchtfleisch kann abgeschüttet werden. Die Samen werden auf einem Papier- oder Stofftuch oder einem engmaschigen Sieb gut getrocknet. Von den trockenen Samen lassen sich weitere Fruchtfleischreste durch Reiben ablösen und mittels Blasen oder Wind entfernen.

NASSVERARBEITUNG MIT GÄRUNG

Die Nassverarbeitung mit Gärung wenden wir bei Tomaten und Gurken (siehe S. 50) an.

Tomaten: Von vollreifen Tomaten entnimmt man das glibberige Innere mit den Samen und lässt es, mit etwas Wasser verdünnt, an einem warmen Ort (nicht in der Sonne) zwei bis vier Tage stehen. In dieser Zeit beginnt eine Gärung, bei der die glibberige Schicht, die die Samen in der Frucht vor dem Auskeimen schützt, abgebaut wird. Die Gärung wird beendet, wenn die Samen sich rau anfühlen und zu Boden sinken. Jetzt wird die Masse in ein Küchensieb gegossen und unter fließendem Wasser mit etwas Reiben gesäubert. Anschließend auf ein Küchentuch oder in einen Kaffeefilter (nicht mehr als einen Teelöffel pro Filter) geben. Jetzt sollten die Samen schnell trocknen, bevor sie vom Papier abgelöst oder mitsamt dem Papier in Schraubgläsern oder dicht verschließbaren Döschen aufbewahrt werden. Beschriften nicht vergessen!

Gurken: Sie haben oft einen enttäuschend geringen Anteil guter Samen im Fruchtfleisch. Dadurch kommt für die Nassvergärung schnell viel Volumen zusammen. Ich mache diese Arbeit im Garten. Man entnimmt die Samen mit möglichst wenig Fruchtfleisch und lässt sie 24 Stunden mit etwas Wasser verdünnt stehen. Dann mit viel Wasser in einem Sieb waschen, wieder ins Ausgangsgefäß zurückschütten, erneut Wasser dazugeben, warten bis die schweren Samen nach unten gesunken sind. Diesen Vorgang mehrmals wiederholen, bis die Samen sauber sind. Längeres Stehen (zwei bis drei Tage) erleichtert die Arbeit, allerdings werden dann Geruch und Konsistenz unappetitlich. Die vielen tauben, leichten Samen schwimmen mit dem Fruchtfleisch oben über den guten Samen und werden gleich mit entfernt. Zum Trocknen lege ich die Samen auf ein Stofftuch, da sie auf Papier gerne festkleben. Die großen Gurkensamen brauchen mindestens eine Woche bei 20 bis 30 °C, bis sie trocken sind. Die Lagerung der trockenen Samen erfolgt in beschrifteten Schraubgläsern oder anderen dichten Behältern.

HÄNDISCHE TROCKENVERARBEITUNG

Hülsenfrüchte: Kleine Mengen von Bohnen, Erbsen und anderen Hülsenfrüchten lassen sich von Hand aus den gut nachgetrockneten Hülsen lösen. Das geht bei Sorten mit Fäden deutlich leichter als

1. Nassverarbeitung mit Gärung: Vollreife Tomaten auswählen, ernten und halbieren.

2. Das glibberige Innere der Tomatenfrüchte mitsamt den Samen entnehmen und in ein Glas geben.

3. Mit etwas Wasser verdünnen und das Glas an einem warmen Ort (nicht in der Sonne) zwei bis vier Tage stehen lassen.

4. Nachdem die Samen zu Boden gesunken sind, wird die Masse in ein Küchensieb gegossen und unter fließendem Wasser mit etwas Reiben gesäubert.

5. Die Samen trocknen am schnellsten auf einem Küchentuch oder in einem Kaffeefilter (nicht mehr als einen Teelöffel pro Filter).

6. Nach der Trocknung löst man die Samen vom Papier ab oder gibt sie mitsamt dem Papier in verschließbare Gefäße zur Aufbewahrung.

1. Gurkensamen mit möglichst wenig Fruchtfleisch entnehmen.

2. 24 bis 48 Stunden mit etwas Wasser verdünnt stehen lassen. Die einsetzende Gärung löst das Fruchtfleisch auf.

3. Am nächsten Tag mit Wasser in einem Sieb waschen, wieder ins Ausgangsgefäß zurückschütten.

4. Erneut Wasser dazugeben, warten, bis die schweren Samen nach unten gesunken sind. Diesen Vorgang mehrmals wiederholen, bis die Samen sauber sind.

5. Zum Schluss die Gurkensamen in ein Sieb geben und noch einmal mit Wasser spülen.

6. Zum Trocknen lege ich die Samen auf ein Stofftuch, da sie auf Papier gerne festkleben.

bei fadenlosen Bohnen oder den brüchigen Hülsen von Zuckererbsen. Wenn in fadenlosen Bohnen- oder Erbsensorten mit normalerweise bastlosen Hülsen Pflanzen dabei sind, deren Hülsen sich auffällig leicht öffnen lassen, kann eine Rückmutation vorliegen. Solche Samen sind zu entfernen. Ein Anbautest im Folgejahr kann aufschlussreich sein. Oder gleich in der Küche weiterverarbeiten.

Mangold/Bete: Die langen Zweige mit den ungeschützt darauf sitzenden Samen von Mangold und Beten streifen wir ebenfalls von Hand ab.

Salat: Die Samen lassen sich durch Ausschütteln gewinnen, im Idealfall bei trockenem Sommerwetter um die Mittagszeit direkt am Standort. Die Pflanzen in der Samenblüte oder Zweige davon werden in einen großen Eimer oder Kübel durch Schlagen gegen die Wand ausgedroschen. Müssen wir die Samenstände im geschützten Raum nachtrocknen, gelangen deutlich mehr Blattanteile ins Erntegut und die Reinigung ist aufwendiger.

Doldenblütler: Bei Möhren, Pastinaken, Petersilie & Co. erntet man die reifen, braunen Dolden in mehreren Durchgängen. Die Hauptdolden ergeben dabei das beste Saatgut. Nach dem Nachtrocknen werden die Samen von Hand aus den Dolden gerebelt.

Zwiebelgewächse: Die Samenernte steht an, sobald im obersten Bereich der Dolden die schwarzen Samen sichtbar werden. Da sie im Verlauf der Reife ausfallen, müssen die Dolden abgeschnitten und nachgetrocknet werden. Die besten Samen fallen dabei fast von selbst aus. Samen, die so fest in den Hüllen sitzen, das sie sich auch durch Schütteln und Reiben nicht lösen lassen, sind von minderer Qualität und sollten verworfen werden.

Zichorien: Die kaum sichtbar in den Blattachseln sitzenden Samen fallen bei Vollreife aus. Nach rechtzeitiger Ernte sollten die langen Zweige nachtrocknen. Je nach Menge kann man dem Ausfallen von Hand nachhelfen, die Zweige ausschlagen oder ausdreschen.

Dreschen ist keine leichte Arbeit.

TROCKENVERARBEITUNG: DRESCHEN

Als Dreschen bezeichnet man das Auslösen der Samen durch mechanisches Schlagen mit einem Dreschflegel, Stock, Knüppel oder mit den Füßen auf einer relativ festen, ebenen Unterlage oder in einer Dreschtrommel. Beim Schlagen können die Samen auf einer Plane, in einem Sack oder in einem großen Bottich liegen und dort bearbeitet werden. Dabei ist stets zu bedenken, dass Samen empfindlich gegen mechanische Beschädigung sind, allen voran Bohnen und andere Hülsenfrüchte. Eine Verletzung der Samenhaut kann die Keimfähigkeit reduzieren. Daher sollte die Unterlage für diese Samen eher weich sein.

SAATGUTREINIGUNG

Unterschiedliche Partikelgröße und Gewicht von gutem und taubem Saatgut sowie anderen Pflanzenteilen kann man sich bei der Saatgutreinigung zunutze machen.

NACH PARTIKELGRÖSSE: SIEBEN

Nach dem Auslösen der Samen durch Dreschen, Ausreiben oder Ausschütteln erhält man in der Regel eine Mischung aus Samen, Stängeln, Blattanteilen und Staub. Jetzt kommen die passenden Siebe zum Einsatz, um die gelösten Samen von der Spreu durch Sieben abzutrennen. Meist sind dabei mehrere Durchgänge nötig.
Küchensiebe sind für den Anfang meistens völlig ausreichend. Den feinen Staub siebt man mit einem Teesieb oder einem feinen Haarsieb ab. Samen und Stängelteile bleiben im Sieb. Dann werden die groben Teile mit einem gröberen Sieb abgesiebt, die Samen fallen durchs Sieb. Das geht genauso gut umgekehrt.

NACH GEWICHT: IM WIND, DURCH BLASEN

Kleine Saatgutmengen können Sie in eine flache Schüssel geben und die leichten Teile einfach oben wegpusten. Das gelingt sehr gut bei Salatsamen.

NACH GEWICHT: WINDFEGE

Mit einer (selbst gebauten) Windfege mit Staubsaugeranschluss kann man auch größere Mengen sehr gut trennen. Oft sind mehrere Durchgänge empfehlenswert.
Der Staub und auch die kleinen, beschädigten Kümmerkörner werden abgetrennt.

NACH GEWICHT: SCHWINGEN/WORFELN

Die Worfel, auch als Getreide- oder Kornschwinge bezeichnet, ist traditionell ein flacher Korb oder eine Wanne, mit der Samen und Spreu nach dem Dreschen durch Windsichtung getrennt werden. Das Rütteln, Schwingen, Kreisen in einem Sieb mit flachem Rand oder einer flachen Schüssel erfordert einiges an Übung. Wenn sich die leichten Teile oben gesammelt haben, werden die Samen in die Luft geworfen und dann die Worfel schnell nach unten bewegt und seitlich weggezogen. Dabei bleiben die leichten Teile noch etwas in der Luft und fallen dann zu Boden. Die schweren Samen sollen die Bewegung des Siebes nachvollziehen und aufgefangen werden.

NACH GEWICHT: MIT WASSER

Bei Gurken (nach Nassvergärung), Paprika und Zwiebeln kann man die Samen auch durch Wasser trennen, wobei die tauben Samen oben schwimmen und mit dem Wasser abgeschüttet werden. Danach rasch trocknen.

SAATGUTLAGERUNG

Auf einen Blick: trocken, kühl, dunkel, wenig Luftkontakt.
Samen atmen wie alles Lebendige und sind deshalb nicht unbegrenzt lebens- und keimfähig. Durch die Atmung werden die Reser-

Reinigung von Salatsamen durch Pusten

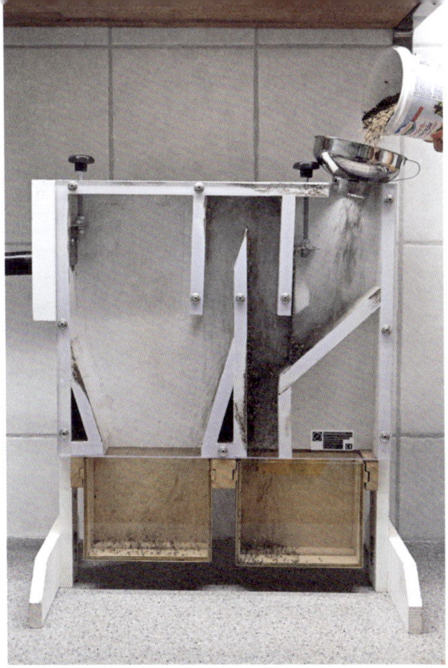

Unsere selbst gebaute Windfege mit Staubsaugeranschluss

Die ideale Lagertemperatur beträgt 0 bis 10 °C – ein paar Grad mehr sind vertretbar.

vestoffe langsam abgebaut. Aufgrund des geringen Wassergehaltes von Samen ist die Stoffwechselaktivität stark vermindert. Niedrige Temperaturen, Trockenheit und Luftabschluss während der Lagerung verringern die Stoffwechselaktivität und erlauben somit die Erhaltung der Keimfähigkeit für einen Zeitraum, der stark von der jeweiligen Art abhängt.

Die Restfeuchte sollte bei unter 10 % liegen, was etwa 30 % Luftfeuchtigkeit entspricht. Ich packe das mehrere Tage lang getrocknete Saatgut gerne am Nachmittag eines sonnigen, warmen Sommertages ab. Dann ist die Luftfeuchtigkeit so gering, dass auch das Saatgut sicher trocken ist. Die Lagerung erfolgt in Schraub- oder Bügelgläsern. Kleine Mengen lassen sich auch in Papiertütchen, die in einem größeren Glas gesammelt werden, aufbewahren.

Schraubgläser sind nicht ganz so dicht, wie es den Anschein hat. In einem sehr feuchten Lagerraum kann das Saatgut mit der Zeit Feuchtigkeit ziehen. Bügelgläser mit Gummidichtung oder Flaschen mit einem Gummistopfen sind sicherer.

Bei ungünstigem Wetter, vor allem später im Jahr, kann man in die Gläser kleine Päckchen mit Silikagel geben. Dies lohnt besonders bei wertvollem Saatgut, das auch länger keimfähig bleiben soll. Silikagel ist erhältlich in Apotheken und Drogerien. Silikagel entzieht der Luft Feuchtigkeit. Bei 80 bis 100 °C lässt es sich trocknen und erneut verwenden. Unbedingt farbloses Silikagel verwenden!

Die Saatgutgläser sollten an einem kühlen Ort, zum Beispiel in einem trockenen Keller, gelagert werden. Ist der Lagerort hell, werden die Gläser in einer dunklen Kiste gelagert. Sehr wichtig ist das Vermeiden von starken Temperaturschwankungen. Ein langsamer Temperaturanstieg im Sommer ist weniger problematisch. Die ideale Lagertemperatur beträgt 0 bis 10 °C. Kühlschranklagerung ist jedoch für den Erhalt der Keimfähigkeit im Rahmen der allgemeinen Angaben nicht nötig. Insgesamt hat die Saatgutfeuchtigkeit einen sehr viel größeren Einfluss auf den Erhalt der Keimfähigkeit als die Temperatur. Beschriften (Sorte, Kulturart, Erntejahr) nicht vergessen!

Feuerbohnen: Vermischungen mit Bohnen einer anderen Farbe bzw. Sorte können leicht händisch getrennt werden.

GESUNDHEIT UND QUALITÄT VON SAATGUT

Wer Saatgut nicht nur für den Eigenbedarf erzeugt, sondern Samen an andere Interessierte weitergeben will, trägt eine hohe Verantwortung.

BESCHAFFENHEIT DES SAATGUTES

Saatgut sollte sortenrein, sauber, gesund und keimfähig sein. Dafür gibt es gesetzliche Bestimmungen für das sogenannte Standardsaatgut.
Bei der privaten Weitergabe von traditionellen Sorten, auf Saatgutmärkten und Erhaltervereinen, werden die Anforderungen an die Beschaffenheit des Saatguts mit einer gewissen Toleranz behandelt. Besonders die saubere Reinigung ist mit Sieben und Windsichten allein oft nicht vollständig möglich. Andererseits werden bei Bohnen, Kürbis und Gurken von vielen Erhaltern die besten und gesündesten Samen von Hand ausgelesen.

SORTENREINHEIT

Saatgut sollte nur sehr geringe Verunreinigungen durch Samen anderer Sorten oder Unkraut enthalten.

Bei Bohnen, Erbsen und Mais kann man am geernteten Saatgut Bastardisierungen erkennen, wenn Mutter und Vaterpflanzen unterschiedliche Samenfarben haben. Bei Zuckermais und Markerbsen, deren Saatgut gerunzelte Körner hat, sind Einkreuzungen von Feldmais und Palerbsen durch die nunmehr prallen Körner erkennbar. „Falsche“ Samen sortieren wir ebenso aus wie sichtbar kranke oder von Schädlingen angefressene oder durchlöcherte.

Bei der Vermehrung von Erhaltersorten genauso wichtig sind gute Kenntnisse der Verkreuzungsmöglichkeiten bei der Vermehrung. Die Meldung vor einigen Jahren in allen Medien: „Bittere Zucchini tötet Nachbarn“ ist uns noch in Erinnerung. Solche extremen Ereignisse sind zum Glück die absolute Ausnahme. Sind Verkreuzungen erst einmal passiert, können sie häufig nur in einem mehrjährigen aufwendigen Selektionsprozess wieder aus der Sorte entfernt werden.

SAATGUTGESUNDHEIT

Saatgut sollte immer nur von gesunden Pflanzen geerntet werden. Nur gut getrocknetes und richtig gelagertes Saatgut behält die Keimfähigkeit über die arteigene Zeit. Auch die Witterung im Erntejahr beeinflusst die Keimfähigkeit und die Qualität unseres Saatguts. Mit etwas Erfahrung kann man durch eine Fingerprobe fühlen, ob das Saatgut für die Lagerung trocken genug ist. Unbrauchbares Saatgut hat einen muffigen Geruch, eine veränderte graue Samenfarbe, fehlenden Glanz und fühlt sich bei der Fingerprobe etwas feucht an.

SAMENBÜRTIGE KRANKHEITEN

Ein besonderes Augenmerk müssen wir auf Krankheiten richten, die mit dem Saatgut von der Mutterpflanze auf die nächste

Verschiedene kleine Mengen an Samen lassen sich in Tüten trocken aufbewahren.

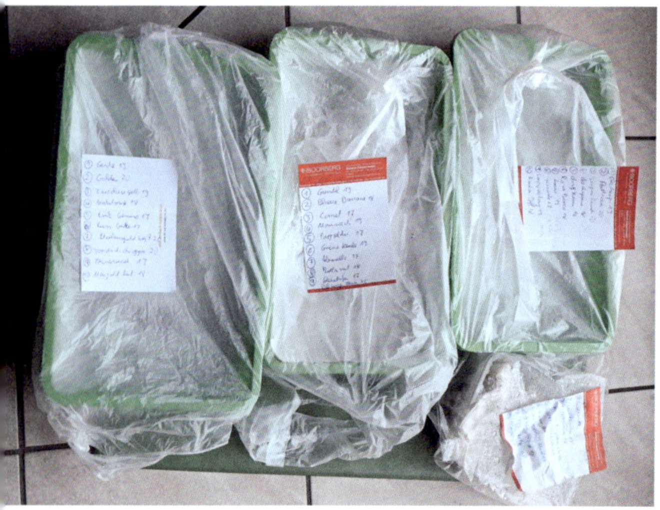

Keimprobe mit Dokumentation auf Wärmematte

Keimprobe auf Küchenkrepp

Generation übertragen werden. Dazu zählen besonders viele Virosen. Diese werden häufig durch Blattläuse von Pflanze zu Pflanze übertragen, aber auch durch Werkzeuge und Menschen.
Meist ist schon an der Mutterpflanze ein Virusbefall sichtbar. Verdächtig sind Pflanzen mit auffälligen, eckigen Blattscheckungen, Aufhellungen, Blattdeformationen und Beulen auf den Früchten. Hier hilft nur ein schnelles Entfernen der befallenen Pflanzen, um weitere Ansteckung auf gesunde Pflanzen zu vermeiden.
Bohnen sind hier ein besonderes Problem. Viele Erhalter haben schon den Verlust alter, virusanfälliger Sorten erlebt. Eine Behandlung gegen Viren gibt es nicht.
Bei Saatgut von Kohl, Möhren, Sellerie,

☞ HEISSWASSERBEIZE

KULTUR	KRANKHEIT	BEHANDLUNG
GURKE	Gurkenkrätze *(Cladosporium)*	55 °C, 10 Min.
KOHLARTEN	Blattfleckenkrankheit *(Alternaria)*, Umfallkrankheit *(Phoma)*, Falscher Mehltau	50 °C, 30 Min.
MÖHRE, SELLERIE, PETERSILIE	Blattfleckenkrankheit *(Alternaria)*	50 °C, 30 Min.
MANGOLD, ROTE BETE	Blattfleckenkrankheit *(Alternaria)*	52 °C, 20 Min.

Petersilie, Bete, Gurken und Feldsalat kann der Befall mit Pilzen und Bakterien durch eine **Heißwasserbeize** erheblich reduziert werden.
Das Saatgut wird in Stoffsäckchen eingenäht, eine halbe Stunde in kaltem Wasser vorgequollen und dann unter exakter Einhaltung der Temperatur und der Zeit im warmen Wasser gebadet. Der Topf oder Eimer für das Warmwasserbad sollte möglichst groß sein, um starke Schwankungen der Temperatur zu vermeiden. Nach dem Bad wird wieder in kaltem Wasser abgekühlt, das überschüssige Wasser ausgedrückt und das Saatgut rasch getrocknet. Krankes Saatgut darf nicht weitergegeben werden. Bei Problemen sollte man sich nicht scheuen, eine professionelle Beratung in Anspruch zu nehmen (siehe S. 139).

KEIMFÄHIGKEIT VON SAMEN

- Doldenblütler: Pastinake 1 Jahr, Karotte 3 Jahre und länger
- Zwiebelgewächse: 2 bis 3 Jahre
- Korbblütler: Artischocke 3 Jahre, Salat 4 Jahre
- Hülsenfruchtgewächse: 4 Jahre und viel länger
- Kürbisgewächse: 5 Jahre und länger
- Kreuzblütler: 4 bis über 6 Jahre
- Gänsefußgewächse: 6 Jahre und länger
- Tomaten: 6 Jahre und viel länger

Die Angaben in der Literatur über die Haltbarkeit von Saatgut sind unterschiedlich. Sortenerhalterinnen berichten von ihrem selbst erzeugten Saatgut über teilweise noch weit längerer Haltbarkeit.

KEIMFÄHIGKEIT

Ein Keimtest oder eine Keimprobe bringt Klarheit über die Qualität unseres Saatguts. Dazu werden die Samen, üblich sind bei Profis 100 Korn, bei großsamigen Arten im Hobbybereich sind auch 20 Korn aussagekräftig, auf gefaltetem Filterpapier oder einfach auf feuchten Küchentüchern im Warmen zum Keimen gebracht.
Nach einigen Tagen werden die nicht gekeimten Samen gezählt und der Prozentsatz an gekeimten Samen errechnet.
Manche Samen können so nicht zum Keimen gebracht werden: Wildarten haben eine spezifische Keimruhe, Kaltkeimer brauchen einen Kältereiz (Vernalisation), bevor sie im Warmen auskeimen.
Die Keimfähigkeit sollte jährlich überprüft werden. Oftmals kann man beobachten, dass die Keimfähigkeit mehrere Jahre konstant bleibt, um dann rasch nachzulassen. Zuerst keimen die Samen verzögert oder wie bei Salat mit missgebildeten Keimblättern. Die Keimfähigkeit ist noch da, aber die Keimkraft ist nur noch gering. Unter Freilandbedingungen schaffen es solche Samen oft nicht mehr.
Für den Handel mit Saatgut (Standardsaatgut) ist für jede Art eine Mindestkeimfähigkeit vorgeschrieben. Auch bei der privaten Weitergabe sollte die Mindestkeimfähigkeit (mit wenigen Ausnahmen) 60 % nicht unterschreiten.
Besonders häufig gibt es bei Pastinaken Probleme mit der Keimfähigkeit. Das Saatgut ist stets nur kurze Zeit, oft nicht mehr als ein Jahr, keimfähig. Auch im ersten Jahr erreicht es häufig nicht die geforderte Keimfähigkeit.
Dagegen können handverlesene Gurken oder Kürbissamen schon mal 100 % Keimfähigkeit haben. Bei feinen Samen mit schlechter Keimfähigkeit lohnt sich ein Versuch durch Sieben oder Windsichten kleinere und schlechtere Samen zu entfernen. Oft lässt sich dadurch die Keimfähigkeit der Partie auf ein akzeptables Niveau heben.

Salat in der Samenblüte: Die ersten Blütenköpfchen kann man abzupfen und hat dann schon eine „Zupfernte" sicher.

Feuer- und manche Stangenbohnen wachsen an hohen und stabilen Gerüsten mehrere Meter hoch.

GRENZEN DER VERMEHRBARKEIT IM HAUSGARTEN

Das Begleiten der Pflanzen vom Samenkorn zum Samenkorn ist faszinierend, beglückend und gehört seit Jahrtausenden selbstverständlich zum Gärtnern dazu. Sie sollten sich durch mögliche Probleme, Krankheiten und Schädlinge auf keinen Fall davon abbringen lassen.

NUR MUT

Ich erinnere mich noch gut an die seitenweise Aufzählung von samenübertragbaren Krankheiten, Virosen und Abbauerscheinungen während meines Studiums der Agrarwissenschaften in Hohenheim. Dadurch habe ich mich trotz großen Interesses zunächst nicht an die eigene Samenvermehrung herangetraut. Auch fehlte zu dieser Zeit eine gute Anleitung dazu. Während eines Besuchs beim Sommerfest von Arche Noah in Schiltern (Österreich) habe ich dann gesehen, dass andere durchaus erfolgreich Saatgut selbst gewinnen. Also bitte nicht entmutigen lassen, einfach mal anfangen! Auftretende Schwierigkeiten nehmen wir als Herausforderung, sie zu lösen. Aber erst, wenn sie auftreten, nicht schon vorher in schlaflosen Nächten. Wenn es mal nicht klappt, kann dies viele Gründe haben. Vielleicht ist im nächsten Jahr die Witterung besser, ein anderer Platz im Garten günstiger. Oder Sie probieren eine andere Methode oder eine Sorte aus, die einfacher zu vermehren ist. Vielleicht ist auch der Garten der Oma oder einer guten Freundin besser geeignet. Häufig benötige ich bei neuen Sorten mehrere Versuche, um nennenswerte Mengen Saatgut zu erhalten. Mir scheint, dass Sorte und Gärtnerin und Garten sich

Saatgutvermehrung erhöht das Blütenangebot im Garten erheblich (hier Kohlblüte mit Insekt).

Radieschen belegen den Platz im Beet viel länger, wenn man das Saatgut ernten möchte.

erst kennenlernen müssen, bis sie miteinander harmonieren.
Andererseits müssen wir unsere Grenzen akzeptieren lernen. Das gilt nicht nur fürs Leben, sondern auch fürs Samengärtnern.

GEOGRAFISCHE LAGE

Grenzen setzt uns die geografische Lage mit begrenzten Sommern und nicht frostfreien Wintern. Manche spätreifenden Bohnen-, Tomaten-, Mais- oder Paprikasorten kommen nicht zur Reife. Wir müssen auf frühreifende, schnellwachsende Sorten ausweichen oder durch die Voranzucht, Vliesbedeckung oder ein Gewächshaus etwas Wachstumszeit gewinnen. Oft kommen auch die einjährig vermehrten Eissalatsorten, Gemüsefenchel, Brokkoli und Blumenkohl in höheren Lagen nicht zur Samenreife. Viel Niederschlag in den Monaten der Samenreife (Juli bis September) gefährdet die Samenernte.

PLATZBEDARF IM GARTEN

Zweijährig vermehrte, nicht winterharte Pflanzen benötigen ein Winterquartier (siehe S. 32 ff.).
Außer bei Fruchtgemüsen, deren Samen aus den verzehrreifen Früchten gewonnen werden, benötigen die Samenträger zusätzliche Beetfläche oder sie belegen ein Beet erheblich länger als bis zur üblichen Nutzungsreife. Zum Beispiel Radieschen oder Salat: Statt weniger Wochen belegen sie das Beet nahezu den ganzen Sommer.
Beete mit Schattenwurf sind für die Samenernte eher ungeeignet. Zur Zeit des Sonnenhöchststandes ist etwas Schattenwurf oft zu vernachlässigen. Ab August/September werden die Tage kürzer, die Sonne steht flacher und die Zeit des Schattenwurfes wird sehr schnell länger. Viele Kulturen reifen dann nicht mehr aus, oder die Samen haben eine mindere Qualität.

ZEITAUFWAND

Der zusätzliche Zeitaufwand zur Betreuung der Kulturen, der Samenernte und der -aufbereitung ist nicht zu unterschätzen und bringt eigentlich alle Gärtner und Gärtnerinnen an ihre Grenzen. Jeder muss hier abwägen. Und nicht selten ist die intensive Betreuung weniger Sorten der bessere Weg als der Anbau vieler Kulturen. Möglicherweise wächst damit auch das Verständnis fur den Preis von regionalem Saatgut.

EINFACH ZU VERMEHRENDE KULTUREN

— *Hülsenfrüchte, Fruchtgemüse & Salate*

STANGEN- UND BUSCHBOHNE

Bohnen sind einfach anzubauen und in der Küche vielfältig zu nutzen. Außerdem verbessern sie den Boden durch ihre Fähigkeit, in Verbindung mit Knöllchenbakterien Stickstoff aus der Luft zu binden.

Checkliste

- **Botanische Namen:** *Phaseolus vulgaris* ssp. *vulgaris*, *Phaseolus vulgaris* ssp. *nanus*
- **Vermehrung:** einjährig
- **Befruchtung:** Selbstbestäuber
- **Pflanzenbedarf:** für Eigenbedarf 1, für Sortenerhalt 10
- **Platzbedarf:** Stangenbohnen ca. 3 Stangen/m² (3 bis 5 Korn/Stange), Buschbohnen 10 bis 12 Pflanzen/m²
- **Mindestabstand zu anderen Sorten:** 2 m
- **Hilfsmittel:** Rankhilfe für Stangenbohnen, z. B. Bohnenstangen, Baustahlmatte, Ranknetz

Etliche Gärtner gewinnen ihr eigenes Bohnensaatgut. Dadurch hat sich eine unglaubliche Vielfalt an Bohnensorten mit unterschiedlichsten Wuchshöhen und Reifezeiten entwickelt: Kerne in allen Farben und mit vielfältigen Zeichnungen, Hülsen von gelb, grün bis rosa und gezeichnete, breite bis runde, ganz kurze oder sehr lange Hülsen.

ANBAU

Günstig sind wärmere, etwas windgeschützte Lagen mit ausreichend Niederschlag zwischen Juni und August. Zur Abreife im Herbst sollte es jedoch nicht zu nass sein. Wichtig ist, die geeignete Sorte für den jeweiligen Standort zu wählen: Spätreifende Sorten eignen sich nur für Lagen mit einem langen, warmen Herbst. Bohnen sind sehr frostempfindlich und benötigen bei der Aussaat eine Bodentemperatur von mindestens 9 °C, für ein rasches Auflaufen deutlich mehr. Eine Vorkultur ist empfehlenswert bei altem Saatgut mit schlechter Triebkraft – zum Schutz gegen Nacktschnecken, Fäulnisgefahr bei zu kaltem Boden und Wurzelfliegen. Diese befallen im Boden das frisch gesäte Saatgut. Die Folge sind angefressene bis völlig fehlende Keimblätter und Triebe. Bohnen werden nur wenig mit Erde bedeckt (2 bis 3 cm). Die großen Samen benötigen zum Aufquellen ausreichend Feuchtigkeit. Die Keimblätter wachsen über der Erdoberfläche.
Bei Stangenbohnen wird das Gerüst vor der Aussaat erstellt. Die Stangen stehen in

Bohnenstangen vor der Aussaat setzen

Stangenbohnenanbau in weitem Reihenabstand (2 m) bietet den dazwischen gepflanzten Salaten, Gurken und Paprika Windschutz.

Buschbohnen mit gutem Behang beim Abreifen

Abständen von 50 bis 60 cm in der Reihe und mindesten 60 cm bis 1 m zwischen den Reihen. Ein größerer Reihenabstand erleichtert sowohl die Ernte als auch ein intensives Beobachten für Selektion und Dokumentation vor der Saatgutgewinnung und das Verhindern von Ineinanderwachsen zwischen den Sorten. An jede Stange werden drei bis fünf Bohnensamen gesät. Bei Reihenanbau am Netz sät man alle 10 cm ein Korn. Zwischen verschiedenen Sorten genügend Abstand einhalten, um die Sorten sicher zu trennen!
Bei Buschbohnen sät man in Horstsaat: drei bis fünf Korn pro Pflanzloch, Abstand ca. 40 cm in der Reihe. Alternativ kann man auch den Reihenanbau wählen: 10 cm in der Reihe mit jeweils 50 cm Reihenabstand.

In der Regel sind Gartenbohnen Selbstbefruchter, bei denen die Bestäubung bereits in der geschlossenen Blüte stattfindet. Es kann aber zu Fremdbefruchtung (und somit auch zu Verkreuzungen) durch Insekten kommen, die die Blüten „anknabbern" oder aufbeißen (z. B. Hummeln oder Holzbienen). Daher sollten Sie für ein anderweitig attraktives Blütenangebot im Garten sorgen.

KRANKHEITEN UND PROBLEME

Gartenbohnen werden von mehreren saatgutübertragbaren Krankheiten und Virosen befallen. Brennflecken, Fettflecken und Bohnenmosaikvirus sind die bedeutendsten.

Blüte einer weiß blühenden Stangenbohnensorte

Blauhülsige Stangenbohne 'Blauhilde'

Daher ist der Gesundheitszustand der Pflanzen laufend zu überprüfen und verdächtige Einzelpflanzen sind sofort zu beseitigen. Auch auf den reifen Samen ist ein Befall erkennbar. Kranke Kerne nicht zur Aussaat verwenden!
Die Brennfleckenkrankheit (Pilz) zeigt sich in dunklen, leicht eingesunkenen Flecken mit brauner oder rötlicher Umrandung.
Die Fettfleckenkrankheit (Bakterium) ruft Flecken an der ganzen Pflanze hervor, besonders deutlich sichtbar an den Hülsen, wo sie als die typischen, glasigen „Fettflecken" sichtbar werden.

SELEKTION

Für eine gute Selektion lässt man nur eine Stangenbohnenpflanze pro Stange wachsen. Bei Buschbohnen sind die Pflanzen entsprechend einzeln zu stellen. Mögliche Auslesekriterien sind: früher Erntebeginn, lange Erntephase, Zartheit der Hülse bei Nutzung als grüne Bohne (Fisole), geringe Fädigkeit, Länge und Samenzahl der Hülsen und die Anzahl Hülsen pro Blütenstand.

Verkreuzungen kann man schon im Erntejahr an den Samen sehen, wenn die in der Nähe angebauten Sorten verschiedene Samenfarben haben. Auffällig andere Samen kann man beim Auslösen der Hülsen trennen.
Buschbohnen können durch Rückmutation wieder zu ranken beginnen. Auch auf Zartheit und Fadenlosigkeit der Hülsen muss geachtet werden. Falls Einzelpflanzen im Typ abweichen (Hülsen, Korn), sind diese vor oder bei der Ernte zu entfernen. Entweder markieren wir die besten Pflanzen zur Saatgutgewinnung oder wir entfernen die ungeeigneten Pflanzen, damit die geeigneten übrig bleiben.
Sorten mit zarten Hülsen lassen sich in trockenem Zustand schlecht auslösen.
Wenn bei Sorten zur Fisolennutzung Pflanzen mit stabilen, fädigen Hülsen darunter sind, die sich leichter auslösen lassen, ist dies ein Hinweis auf weniger zarte Fisolen. Diese Pflanzen sollten nicht zur Saatgutgewinnung verwendet werden.
Bei der Auswahl der Stangenbohnen zur Saatgutgewinnung haben sich mehrere Möglichkeiten bewährt. Keinesfalls lässt man nur die obersten Hülsen der Stangen-

Gelbhülsige Stangenbohne aus Siebenbürgen

Stangenbohne mit trockenen, erntereifen Hülsen

bohnen abreifen, die nicht mehr erreicht werden können. Dies wäre im Laufe der Zeit eine Selektion auf Spätreife. Zur Selektion auf zeitige Reife lässt man an allen Pflanzen die ersten Hülsen ausreifen. Die später angesetzten Hülsen können verzehrt werden. Bei größeren Beständen hat es sich bewährt, einen Teil der Pflanzen ausschließlich zur Saatgutgewinnung stehen zu lassen und die anderen zu beernten. Ich lasse gerne bei Buschbohnen den ersten (oder letzten) Meter einer Reihe unbeerntet.

SAMENERNTE

Am besten lässt man die Hülse bis zur vollständigen Reife an der Pflanze hängen. Die reifen Hülsen sind braun und papierartig trocken. Bei Stangenbohnen sind die reifen Hülsen mehrmals durchzuernten. Bei ungünstiger Witterung im Herbst kann man auch ganze Pflanzen ausreißen und an einem trockenen Ort nachreifen lassen. Das Nachreifen begünstigt die Saatgutqualität. Das Auslösen aus den trockenen Hülsen ist entweder von Hand oder durch Ausdreschen auf einer gepolsterten Unterlage mit einem Stock zu erledigen. Untypische oder beschädigte Samen sind auszusortieren.

Die Samen werden flach ausgebreitet und an einem trockenen und warmen Ort sieben bis zehn Tage getrocknet. Die Samen sind ausreichend trocken, wenn die Schale dem Nageldruck nicht nachgibt.

Um einem eventuell vorhandenen Bohnenkäferbefall zuvorzukommen, können Sie die gut getrockneten Samen für zwei Wochen einfrieren. Anschließend kühl und geschlossen lagern.

SPÄTE ERNTE

Meistens fallen beim Abernten der Bohnen im Herbst vor den ersten Frösten noch viele Hülsen mit halbreifen Kernen an. Nur bei Hülsen, die mindestens schon weich und gelb sind, lohnt sich ein Trocknen. Bei weniger reifen Hülsen löse ich die Kerne aus und verwende sie in der Küche. Sie lassen sich auch problemlos roh tiefkühlen. So habe ich Bohnenkerne mit besonders zartem Geschmack, zum Beispiel für Eintöpfe, die ohne langes Einweichen in kurzer Zeit weich sind.

FEUERBOHNE

Der Fremdbestäuber mit sehr attraktiven Blüten in Rot, Weiß, Rot-Weiß oder Lachsfarben ist wüchsig und robust, trotzt auch einem verregneten Sommer und wird bis in höhere Lagen angebaut.

Checkliste

- **Botanischer Name:** *Phaseolus coccineus*
- **Vermehrung:** einjährig
- **Befruchtung:** Fremdbestäuber
- **Pflanzenbedarf:** für Eigenbedarf 5, für Sortenerhalt 20
- **Platzbedarf:** 3 m² für 5 Stangen in 70 cm Abstand und mit 1 m Reihenabstand (1 bis 3 Korn/Stange)
- **Mindestabstand zu anderen Sorten:** 150 m im gut strukturierten Garten
- **Hilfsmittel:** stabile Bohnenstangen oder Rankgitter

Feuerbohne 'Kleinsamige Braune' mit weiß-roter Blüte

Feuer oder Prunkbohnen dienen oft zur Sommerbegrünung von Pergolen, Gartenlauben oder Zäunen. Die Hülsen sind derb und rau, ergeben aber jung geerntet ein überraschend zart-würziges Bohnengericht. Meist werden Feuerbohnen, in Österreich als Käferbohnen bezeichnet, als Trockenbohnen verwendet.

Wenn andere Feuerbohnensorten in der Nähe wachsen, kommt es durch die für Insekten attraktiven Blüten häufig zu Verkreuzungen. Dadurch sind regionale mehrfarbige Bohnensorten entstanden. Meist ist es eine Mischung von schwarz-lila gesprenkelten Kernen mit Anteilen von ganz schwarzen und ganz weißen Bohnen. Sie werden traditionell als Mischung vermehrt.

Blütenstand mit Ansätzen von kleinen, behaarten Hülsen

Weiß blühende Feuerbohne mit jungen Hülsen

Feuerbohne mit orangeroten Blüten

ANBAU

Feuerbohnen sind zwar auch frostempfindlich, aber besser als Stangenbohnen an kühl-feuchtes Klima angepasst. Daher sind Höhenlagen gut für Feuerbohnen geeignet. Große Hitze dagegen vertragen sie schlecht. Bei Temperaturen über 30 °C werden die Blüten abgeworfen.

Die Pflanzen brauchen zum üppigen Wachsen unbedingt genügend Feuchtigkeit. Bei Trockenheit muss gewässert werden.

Ab Anfang Mai (Bodentemperatur mindestens 8 bis 10 °C) werden drei bis fünf Korn direkt an Stangen mit über 2,5 m Länge ausgesät. Der Abstand der Stangen sollte 70 x 100 cm betragen. Alternativ können auch sieben Pflanzen pro Meter an einem Rankgitter ausgesät werden.

Die Keimblätter verbleiben in der Erde, dadurch sind sie weniger empfindlich gegen tiefe Saat oder Verschlämmungen der Bodenoberfläche als Gartenbohnen. Die Keimung dauert allerdings lange.

KRANKHEITEN UND PROBLEME

Im Prinzip können auch Feuerbohnen von allen Bohnenkrankheiten befallen werden. Meist zeigen sie sich jedoch als gesund und wüchsig.

SELEKTION UND SAMENERNTE

Beide Maßnahmen erfolgen genauso wie bei Gartenbohnen, siehe S. 63 ff.

RHIZOME ÜBERWINTERN FÜR FRÜHE ERNTE

Feuerbohnenpflanzen bilden unterirdische Rhizome, ähnlich wie Dahlien, aber weniger dick. Sie können im Keller, vor Austrocknung geschützt, überwintern und im folgenden Jahr wieder ausgepflanzt werden. Dies ergibt eine frühere Ernte.

EXOTISCHE BOHNEN

NAME	ANBAU	VERWENDUNG	SAMENERNTE
AUGENBOHNE *Vigna unguiculata*	Sie wachsen teils buschig, teils kletternd und sind sehr wärmebedürftig, vertragen Trockenheit besser als Stangenbohnen. Überwiegend Selbstbestäuber.	Alle Teile der Pflanze, auch Blätter und Blüten sind nutzbar. Die Samen sind sehr klein, aber von feinem Geschmack, mit dünner Haut und schnell gar. Man kann sie keimen lassen und roh verzehren.	Siehe Stangenbohnen, S. 65
SPAGHETTIBOHNE, SCHLANGENBOHNE *Vigna unguiculata*	Unterart der Augenbohne, kletternd, mit schönen, duftenden, gelben Blüten und sehr langen, ganz dünnen Hülsen. In einer warmen, geschützten Gartenecke gelingt der Anbau auch im Freien. Für Hülsennutzung müssen die Hülsen rechtzeitig geerntet werden. Sie wachsen sehr schnell. Zwischen Blüte und erntefähiger Hülse liegen nur sechs bis acht Tage. Sie ist sehr gut zur Auflockerung der Fruchtfolge und Bodenverbesserung in einem Gewächshaus geeignet.	Da sie keine Hemmstoffe enthalten, die durch langes Kochen zerstört werden müssen, eignen sie sich gut zum Kurzgaren im Wok.	Siehe Stangenbohnen, S. 65
HELMBOHNE, HYAZINTHENBOHNE *Dolichos lablab*, syn. *Lablab purpureus*	Sehr wärmebedürftig. Am besten vorziehen, sie brauchen viel Wärme und legen erst im Sommer beim Wachsen so richtig zu.	Mit ihren sehr attraktiven, leuchtend rosa Blüten, blauen, kurzen Schoten und üppigem, kletternden Wuchs werden sie häufig als Zierpflanze angebaut.	Gelingt aufgrund der Spätreife und Empfindlichkeit gegen Feuchtigkeit nicht immer.
MONDBOHNE, LIMABOHNE *Phaseolus lunatus*	Selbstverträglicher Fremdbestäuber. Mondbohnen wachsen buschig oder windend. Sie haben etwa 12 cm lange, 3 cm breite Hülsen, die mondsichelartig gebogen sind, und ganz flache Samen. Ideale Keimtemperatur 25 °C.	Nur weiße oder überwiegend weiße Samen sind ohne vorbereitende Entgiftung essbar. Dunkle Samen enthalten Linamarin, ein cyanogenes Glykosid, aus dem Blausäure entstehen kann. Die Samen haben einen vorzüglichen, kastanienartigen Geschmack und gelten als gut verdaulich. Zum Entfernen der Giftstoffe werden sie in reichlich Wasser eingeweicht (mehrfach wechseln und auch Kochwasser verwerfen).	Gelingt bei Vorkultur und in windgeschützten Gartenecken durchaus.

ERBSEN

Je nach Verwendung unterscheidet man drei Varietäten: Pal-, Mark- und Zuckererbsen. Sie sind alle geeignet für Anfänger. Für den Samenbau werden im Prinzip alle Varietäten gleich kultiviert. Lediglich die Selektionskriterien unterscheiden sich.

Checkliste

- **Botanischer Name:** *Pisum sativum*
- **Vermehrung:** einjährig
- **Befruchtung:** Selbstbestäuber, Fremdbefruchtung kann vorkommen
- **Pflanzenbedarf:** für Sortenerhalt 50, für Eigenbedarf reichen 10 Pflanzen
- **Platzbedarf:** 2 m^2 für 50 Pflanzen
- **Mindestabstand zu anderen Sorten:** 15 m
- **Hilfsmittel:** Stützreisig, Zaun oder Rankgitter

Palerbsen haben runde Samen, die auch als Trockenerbsen Verwendung finden.
Markerbsen haben runzelige Samen die nach der Trocknung nicht mehr aufquellen und weich werden. Die unreifen Samen schmecken süß und werden frisch oder tiefgekühlt verwendet.
Zuckererbsen haben in jungem Zustand bastfreie Hülsen, die im Ganzen gekocht werden. Die Samen können rund oder runzelig sein, die unreifen Schoten flach oder dick (Knackerbsen).

ANBAU

Erbsen bevorzugen gut mit Grundnährstoffen versorgte, lockere Böden. Stickstoffdüngungen benötigen sie nicht, eine Kompostgabe ist vorteilhaft. Erbsen sind mit sich selbst unverträglich und benötigen mindestens eine fünfjährige Anbaupause. Sie sind relativ kälteverträglich, leichte Fröste nach dem Auflaufen schaden nicht. Eine frühe Saat ab Mitte März für Palerbsen und Anfang April für Mark- und Zuckererbsen ist wichtig, da sie im Langtag in Blüte gehen und der Ertrag bei später Saat gering bleibt. Für ein rasches Auflaufen sollte die Bodentemperatur mindestens 5 °C für Palerbsen und 8 °C für Mark- und Zuckererbsen betragen. Eine Vliesabdeckung für schnelleres Auflaufen und gegen Vogelfraß ist sinnvoll. Wintererbsensorten werden im September/Oktober gesät und überwintern als kleine Pflanzen. Im Zwei- bis Vierblattstadium vertragen sie bis zu –15 °C. Etwas Schutz vor Kahlfrösten und starken Winden verbessert die Winterhärte. Wintererbsen reifen etwa einen Monat früher als Sommererbsen.
Wir säen im Abstand von 5 x 30 cm und 5 cm tief. Mittelhohe und hohe Erbsensorten benötigen eine Rankhilfe. Hierfür wird traditionell Reisig verwendet. Übersichtlicher ist ein Rankgitter aus Draht, Baustahlmatten oder Kunststoff für hohe Sorten oder ein Hasendraht oder Ähnliches zwischen Posten gespannt für mittelhohe Sorten. Anhäufeln ist günstig und verbessert die Standfestigkeit. Wer die einzelnen Pflanzen gut beobachten und selektieren möchte, sollte 20 cm Abstand in der Reihe einplanen.

KRANKHEITEN UND SCHÄDLINGE

In Gegenden ohne Erbsenkäfer und Erbsenwickler gelingt der Anbau einfach und sicher. Wegen des zunehmend früheren Befalls durch den Erbsenkäfer ist eine Erbsenvermehrung in manchen Gegenden ohne besondere Schutzmaßnahmen nicht mehr möglich. Der Befall mit dem Erbsenwickler zeigt sich durch angefressene Körner in der Schote meist zusammen mit einer Made (siehe S. 42/43).

Man kann die Erbsen ab Blühbeginn mit einem Insektenschutznetz bedecken. Das Netz muss aber wirklich an den Rändern ganz dicht sein. Die höheren Temperaturen unter dem Schutznetz können Läuse und Mehltaubefall begünstigen.

Im Gegensatz zum Bohnenkäfer vermehrt sich der Erbsenkäfer nicht auf dem Erntegut. Ein Befall mit dem Erbsenkäfer im Feld kann jedoch bis zu 100 % betragen, da die Käfer erst nach der Ernte schlüpfen. Daher sollten die Erbsen unmittelbar nach der Ernte aufbereitet und gut getrocknet tiefgefroren werden. Starker Käferbefall kann Keimfähigkeit und Haltbarkeit der Samen beeinträchtigen.

Markerbse 'Bördi'

Rankgerüst aus kleinen Ästen für Zuckerschoten

SELEKTION

Wichtige Pflanzenmerkmale sind Wuchshöhe, ein weit unten beginnender Blüten- und Hülsenansatz, Widerstandskraft gegen Mehltau und Welkekrankheiten sowie frühe oder späte Erntereife je nach Sorte. Farbe, Form, Länge der Hülse und Anzahl der Körner pro Hülse, Geschmack insbesondere Süße der Körner werden im Stadium der Halbreife für den Verzehr beurteilt. Bei Zuckererbsen ist zudem auf fehlende Bastigkeit der Hülsen zu achten. Die schönsten, gesündesten und ertragreichsten Pflanzen werden mit einem Bändchen markiert, die anderen können Sie für die Küche verwenden.

SAATGUTGEWINNUNG

Da die Reife in den Sommer fällt (Juli/August), können die Samen meist gut an der Pflanze getrocknet werden. Die Saatgutgewinnung erfolgt nach dem Absterben der ganzen Pflanze (wie bei Bohnen, siehe S. 65) durch Auslösen der Hülsen von Hand oder durch vorsichtiges Ausdreschen. Die gewonnenen Samen sollten auf die typische Form und Farbe überprüft werden. Auch Samen mit einem kleinen Loch oder einem kleinen dunklen Fleck durch Erbsenkäferbefall werden aussortiert.

01

02

DICKE BOHNEN, PUFFBOHNEN

Dicke Bohnen werden seit der Jungsteinzeit im Nahen Osten, Mittelmeerraum und in Mitteleuropa angebaut. Eine Vielzahl von Varietäten, Samenfarben und -größen sind dadurch entstanden.

Checkliste

— **Botanischer Name:** *Vicia faba*
— **Vermehrung:** einjährig
— **Befruchtung:** Selbstbefruchter, Fremdbefruchtung kommt ebenso vor
— **Pflanzenbedarf:** für Sortenerhalt 10, für Eigenbedarf reichen ein bis zwei Pflanzen
— **Platzbedarf:** 1 m² für 10 Pflanzen
— **Mindestabstand zwischen den Sorten:** 150 m

Je nach Verwendungszweck bezeichnet man kleinkörnige Sorten als Ackerbohnen, mittelgroße als Pferde- oder Saubohnen und die großkörnigen, gerbstoffarmen, für die Speisenutzung geeignete Sorten werden Dicke Bohnen oder Puffbohnen genannt.

ANBAU

Dicke Bohnen sind sehr kältefest und werden so früh wie möglich im Februar oder März ausgesät, im Abstand von 15 bis 20 x 50 bis 60 cm und 5 bis 8 cm tief. Sie gedeihen in kühlerem Klima gut und benötigen genügend Feuchtigkeit zum Wachsen.
Eine frühe Saat ist wichtig für Pflanzengesundheit und Ertrag. Zehn gesunde reichtragende Pflanzen genügen für eine Vermehrung. Da die Blüten gerne von Insekten besucht werden, ist Fremdbestäubung häufig.

03

01 Ernte von Dicken Bohnen für die Küche. Für die Samenernte erst ernten, wenn sich die unteren Hülsen dunkel verfärben.

02 Dicke Bohnen vorsichtig auslösen!

03 Blüten der Dicken Bohne

KRANKHEITEN UND SCHÄDLINGE

Bei heißem Wetter werden keine weiteren Hülsen angesetzt. Dicke Bohnen werden sehr häufig von der Schwarzen Bohnenlaus befallen, die zu verkrüppelten Pflanzen führt. Befallene Exemplare setzen keine Hülsen mehr an. Frühe Aussaaten sind auch deshalb wichtig, weil die Pflanzen dann bei Befallsbeginn schon größer sind und bereits Hülsen angesetzt haben. Frühzeitiges Ausbrechen der mit Läusen befallenen Spitzen kann helfen. Häufig ist auch ein Befall der Samen mit dem Pferdebohnenkäfer. Gut getrocknete Samen tiefkühlen und stark befallene Samen aussortieren.

MEIN TIPP FÜR DIE KALTE JAHRESZEIT
Dicke Bohnen und Erbsen können auch als Keimsprossen in flachen Schalen mit wenig Erde bedeckt auf der Fensterbank gezogen werden. Schon nach wenigen Wochen können die jungen Triebe abgeschnitten und verzehrt werden.

SAMENREIFE UND -ERNTE

Die Samen sind reif, wenn sich die unteren Hülsen schwarz verfärben. Sie können an der Pflanze trocknen oder geerntet und noch etwas nachgetrocknet werden. Die unteren Hülsen enthalten die größten und besten Samen. Das Auslösen erfolgt von Hand oder durch vorsichtiges Ausdreschen.

Dicke Bohne mit Stützen aus Bambusstäben

TOMATEN

Die beliebten Tomaten sind bestens geeignet, um Menschen für „Vielfalt" zu begeistern, die sich mit Saatgut und Sorten bisher noch nicht befasst haben. Bei Verkostungen lassen sich die Zusammenhänge zwischen Sortenschwund und Marktmacht der Konzerne sowie Geschmacksverarmung bei einseitiger Züchtung auf Ertrag und Transportfestigkeit deutlich machen.

Checkliste

- **Botanischer Name:** *Lycopersicon esculentum*, syn. *Solanum lycopersicum*
- **Vermehrung:** einjährig
- **Befruchtung:** Selbstbestäuber
- **Pflanzenbedarf:** mind. 1 Pflanze für Eigenbedarf, 6 bis 12 Pflanzen für Sortenerhaltung
- **Platzbedarf:** 3 bis 6 m^2 für 6 bis 12 Pflanzen
- **Mindestabstand zwischen den Sorten:** 3 m (bei Fleischtomaten), sonst entsprechend weniger
- **Hilfsmittel:** Überdachung empfohlen, Stützstäbe

Vor allem die Züchter samenfester Sorten haben eine unglaubliche Fülle an Fruchtformen und Größen in bestechenden Farben und Farbverläufen hervorgebracht. Faszinierend sind auch die ganz unterschiedlichen Geschmacksvarianten von säuerlich bis sehr süß und die Fülle der Aromen.

ANBAU

Tomaten sind wärmeliebend und frostempfindlich. Sie können erst nach den letzten Frösten, meist Mitte Mai (je nach örtlichen Erfahrungen und dem aktuellen Wetterbericht) ins Freiland gepflanzt werden.
Ein vollsonniger Platz und an den meisten Standorten auch eine Überdachung gegen Regen – seitlich offen, hoch genug und luftig – werden benötigt.
Vor dem Pflanzen härten wir die Tomatenpflanzen ab, indem wir sie einige Tage tagsüber an einen vor Wind und direkter Sonne geschützten Platz ins Freie stellen. Bis zur Ausbildung einer schützenden Wachsschicht auf den Blättern sind sie anfällig für austrocknende Winde und Sonnenbrand. Sie werden tiefer gepflanzt, als sie im Topf standen: etwa bis zum ersten Laubblatt. Der Abstand in der Reihe sollte 50 bis 60 cm, zwischen den Reihen 80 bis 100 cm betragen.
Je nach Typ werden die Sorten ein- oder mehrstämmig an Stäben oder Schnüren befestigt und laufend – möglichst früh – ausgegeizt (Entfernung junger Seitentriebe in den Blattachseln). Mulchen ist sehr vorteilhaft.

REINHALTUNG DER SORTEN

In der Regel ist die Tomate ein Selbstbestäuber. Fremdbefruchtung durch Bienen und Hummeln kommt jedoch vor, besonders bei Fleischtomatensorten und Wildtomaten, bei denen der Griffel die Blütenblätter überragt.

Für die Samenernte werden Früchte von Pflanzen aus der Mitte des Bestandes verwendet.

Rechtzeitiges Ausgeizen ist bei vielen Tomatensorten von Vorteil.

Um eine Fremdbestäubung zu reduzieren, sind folgende Maßnahmen geeignet:

- Für ein gutes Blütenangebot für Insekten im Sommer sorgen.
- Für die Vermehrung vor allem mittlere Früchte ernten, die etwas verdeckt gewachsen sind.
- Für die Samenernte Pflanzen/Früchte aus der Mitte des Bestandes wählen.
- Gefährdete Tomatensorten mit einigen Metern Abstand zueinander pflanzen oder zwischen zwei Reihen mit Cocktailtomaten.
- Wer ganz sichergehen will, kann einzelne Blütenstände vor dem Aufblühen in Papiertüten oder Gazesäckchen hüllen. Zur Befruchtung den Blütenstand am Vormittag ab und zu schütteln, um den Pollen auf die Narbe zu befördern.

SELEKTION

Neben den typischen Sortenmerkmalen wie Farbe, Form, Größe und Geschmack der Früchte, sollte auch auf gesunde Blätter und Früchte, aufrechten Wuchs mit wenig Seitentriebbildung (besonders unerwünscht sind Triebe aus den Blütenständen) und eine geringe Neigung zum Platzen geachtet werden.

SAATGUTGEWINNUNG

Saatgut sollte immer nur von gesunden Pflanzen gewonnen werden. Da der Krankheitsdruck im Allgemeinen im Kulturverlauf zunimmt, ist es üblich, nur etwa die ersten drei Wickel zur Samengewinnung zu ernten. Beernten Sie möglichst viele geeignete Pflanzen einer Sorte. Die Früchte sollten gut ausgereift geerntet und vor der Samenentnahme einige Tage gelagert werden. Die Schritt-für-Schritt-Anleitung finden Sie auf S. 49.

ZU VIELE TOMATEN? KEIN PROBLEM!
Wenn im August und September große Mengen Tomatenfrüchte anfallen, kann man diese auch durch Trocknung haltbar machen. Ich verwende dazu einen Trockenapparat (Dörrex). Kleine und mittelgroße Früchte werden halbiert und mit der Hautseite auf das Gitter gelegt. Fleischtomaten schneide ich in dicke Scheiben. Das Trocknen geht auch ohne Salz. Vorsicht: Bei zu viel Hitze können sie verbrennen. Da Tomaten viel Wasser verlieren, passt der Vorrat gut in Schraubgläser. Knochentrocken lassen sich die Tomaten im Mixer zu Pulver mahlen, das allerdings schnell zusammenklebt. Es ist sehr geeignet zum Andicken von Tomatenpüree für Pizza oder als Soßen- und Salatwürze.

Voranzucht von Salat

Frisch ausgepflanzter Salat

GARTENSALATE

Salate wachsen in jedem noch so kleinen Garten und auf dem Balkon. Jeder hat Erfahrungen mit ihrem Anbau. Daher sind sie ideal für Einsteiger in die eigene Saatguterzeugung. Allerdings belegen sie bis zur Samenreife im August/September etwa doppelt so viel Platz im Beet wie ein Salat bis zur Erntereife.

Checkliste

— **Botanischer Name:** *Lactuca sativa*
— **Vermehrung:** einjährig
— **Befruchtung:** Selbstbestäuber
— **Pflanzenbedarf:** ab 1 Pflanze für Eigenbedarf, mind. 10 zum Sortenerhalt
— **Platzbedarf:** 2 m^2 für 10 Samenträger
— **Hilfsmittel:** Stützstäbe, Schutzdach

Gartensalate sind einjährig kultivierte, relativ strenge Selbstbefruchter. Wir müssen kaum Verkreuzungen zwischen nah beieinander wachsenden Sorten befürchten.

GEEIGNETE SORTEN

Da es bei Gartensalaten bisher kaum Hybriden gibt, ist im Prinzip jeder Salat vermehrbar. Allerdings ist es je nach Sorte unterschiedlich schwierig, die Salate bis zur Samenreife zu bringen.
Ältere traditionelle Sorten und Pflücksalate zeigen meist ein ausgeglichenes Verhältnis zwischen vegetativem Wachstum (Ausbildung von Blattmasse) und generativem Verhalten (Blüten- und Samenbildung). Sie bilden zuverlässig „Köpfe“ bis zur Erntereife und schießen dann relativ zügig. Bei modernen, auf „spätschießend“ gezüchteten Sorten ist das Blattwachstum gegenüber der Schossneigung stark über-

Halbreife Salatköpfe

Bonitur und Dokumentation nach Aussehen und Befühlen. So kann die Festigkeit des Kopfes oder die Füllung des Salates geprüft werden.

betont. Diese Salate brauchen lange, um in Blühstimmung zu kommen. Häufig sind sie schneller verfault als geschossen.

ANBAU

Alle Salatsorten zur Saatgutgewinnung werden so früh wie möglich vorgezogen und im März, spätestens April ausgepflanzt. Dies ist nötig, damit die Samenreife in die trockenen und warmen Sommerwochen fällt.
Für eine sichere Sortenerhaltung sollten auch beim Selbstbestäuber Salat zehn Pflanzen zum Schießen kommen. Für etwas Saatgut zum Eigenbedarf kann man aber auch mit einer Pflanze beginnen.
Da wir auch Salat für die Küche benötigen, mit Ausfällen zu rechnen ist und eine Selektion stattfinden soll, sind 20 bis 30 Pflanzen pro Sorte sinnvoll. So steht nach der Küchenernte und Selektion für die Samenträger genügend Platz auf dem Beet zur Verfügung.

SELEKTION BEI ERNTEREIFE

Kranke und schwächliche Pflanzen werden ab dem Pikieren, beim Auspflanzen und bei der laufenden Kontrolle sofort aussortiert. Wenn die normale Erntereife erreicht ist, steht die Selektion an. Lassen Sie nicht die zuerst schießenden Pflanzen als Samenträger stehen. Dies würde eine Selektion auf „frühes Schießen“ bedeuten. Die zuerst schießenden sowie alle nicht ganz gesunden oder schön ausgebildeten Pflanzen wandern in die Küche. Nur die schönsten, gesunden, in Kopfgröße, Blattform und -struktur sortentypisch ausgebildeten Pflanzen dürfen auf dem Beet weiterwachsen. Man kann auch noch bei jeder Pflanze den Geschmack der Blätter überprüfen.

Regenschutz: Überdachung für blühenden Salat

Salat mit Samenständen

Salat mit reifen Samen und noch geschlossenen Samenköpfchen. Die braunen Köpfchen sind abgestorben oder mit Blumenfliegenmaden befallen.

Geschossene Salate werden oft über den Kompost entsorgt. Manche Pflücksalate sind jedoch überraschend dekorativ, z. B. 'Multileaf grün'.

PFLEGE AUSGEWÄHLTER SAMENTRÄGER

Wenn der Blütentrieb erscheint, ist auf Fäulnis zu achten. Eventuell faulende Blätter werden entfernt. Dies ist eher bei Kopfsalaten, weniger bei Pflücksalaten, nötig. Da der Blütentrieb je nach Sorte bis über 1 m hoch und auch schwer werden kann, braucht er eine Stütze. Die Pflanzen einzeln an Bambusstäbe anzubinden, hat sich bewährt.
Mit dem Abblühen der gelben Blütenköpfchen beginnt bei Salat eine kritische Zeit. Regen in diesem Zeitraum kann die ganze Ernte zunichtemachen. Abhilfe kann eine Überdachung mit Folie schaffen. In regenreichen Gebieten kann man auch die fertigen Salatköpfe vor dem Schießen in einen trockenen Bereich umpflanzen.

SAMENERNTE UND -REINIGUNG

Erntereif sind die Salatsamen, wenn die sogenannte Samenblüte beginnt. Die Samen haben Schirmchen wie Löwenzahn und werden auch von Wind verweht.
Man kann die ersten Samenblütchen vorher abzupfen. Die Haupternte steht aber erst an, wenn der Blütenstand voller Samenblütchen ist. Bei trockenem Wetter ab der Mittagszeit lassen sie sich einfach durch vorsichtiges Umbiegen und Ausschlagen in einen großen Eimer oder Kübel gewinnen. Dies kann auch mehrmals wiederholt werden, da die Samen über einen längeren Zeitraum blühen und reifen.
Man kann auch den ganzen Blütenstand dicht über dem Boden abschneiden, in einem Sack aufhängen oder auf einem Tuch ausbreiten, nachtrocknen und dann durch Ausschlagen gewinnen.
Die Reinigung ist einfach und kann mit Küchensieben erfolgen: Zum Abscheiden der Stängelteile verwendet man ein grobes Sieb, das die Samen durchlässt. Um die Samen zurückzuhalten, nutzt man im Anschluss ein feineres Sieb. Den Rest erledigt der Wind bzw. wird durch Ausblasen aus einem rundlichen Schüsselchen erreicht.

SONDERFALL: EISSALAT

Schwieriger ist die Vermehrung von Eissalat. Eissalate bilden so feste Köpfe mit vielen Lagen dicht geschichteter Blätter, dass der Blütentrieb kaum durchkommt.
Häufig wird empfohlen, die Köpfe wie bei Kopfkohl oben kreuzweise einzuschneiden. Dabei verletzt man aber den Blütentrieb leicht. Ich beobachte lieber den Kopf, bis sich irgendwo der Blütentrieb als Knubbel zeigt. Dann ist die Zeit gekommen, sämtliche Salatblätter komplett zu entfernen. So hat der Blütentrieb Platz sich zu entfalten. Die Blätter würden nur faulen und dabei die Fäulnis auf den Blütentrieb übertragen. Die Salatpflanze muss sich jetzt komplett auf „generativ“ umstellen. Sie bildet mit der Streckung des Blütentriebs neue Blätter, die keine Ähnlichkeit mehr mit den saftig-knackigen Eissalatblättern haben. Diese ganze Prozedur dauert sehr lange. Oft blühen die Pflanzen dann erst Ende September. Da ist nur in milden Regionen noch eine Samenreife möglich.

EIGENE SETZLINGE ZIEHEN

Rund um die Samenträger keimen viele Salatpflänzchen aus ausgefallenen Samen. Man kann sie klein wie Feldsalat ernten. Ich pflanze einige davon auch gerne spät im Jahr ins ungeheizte Folienhaus, wenn die Sommerkulturen geräumt sind. Dort wachsen sie über Winter zunächst sehr langsam weiter. Im Frühjahr sind sie noch vor den ersten Frühjahrspflanzungen erntereif und ich erspare mir den Kauf von Setzlingen.

ALS SALAT GENUTZTE KOHLGEWÄCHSE

Junge Asia-Salate und Rauke werden als Schnittsalat verwendet. Bis auf die Wilde Rauke wachsen sie rasch und vertragen Frost, schießen aber schnell bei Aussaat im Frühjahr und Sommer. Die typische Nutzung ist im Herbst und Winter bei Aussaat im Freiland ab August, im ungeheizten Folienhaus ab Oktober. So bleiben sie von Erdflöhen verschont.

Checkliste

- **Vermehrung:** einjährig, evtl. überwinternd, nur Wilde Rauke ist ausdauernd
- **Befruchtung:** strenge Fremdbefruchter (Insektenbestäuber)
- **Pflanzenbedarf:** mind. 10 bis 15 Pflanzen
- **Platzbedarf:** gering, nur 1 m^2
- **Mindestabstand zu anderen Pflanzen der gleichen Art:** 150 m im gut strukturierten Garten
- **Hilfsmittel:** Stützstäbe, Schnur

KOHL-VIELFALT FÜR DIE VERWENDUNG ALS SALAT

- **Salatrauke, Rucola** (*Eruca sativa, Rucola coltivata*)
- **Wilde Rauke** (*Diplotaxis tenuifolia, Rucola selvatica*)
- **Asia-Salate** (*Brassica juncea*, z. B. 'Red Giant', 'Amsoi', 'Grün im Schnee', 'Agano', 'Rouge Metis', 'Frizzy Joe')
- **Tatsoi** (*Brassica rapa* ssp *chinensis*: 'Tatsoi')
- **Senfkohl, Salatkohl** (*Brassica rapa* ssp *nipposinica*: 'Mizuna', 'Komatsuna')

ANBAU

ASIA-SALATE

Aussaat im Freiland so früh wie möglich, im März, April, mit Vliesbedeckung als Schutz vor Kälte und Erdflöhen. Die feinen Samen werden ganz dünn gesät. Eine Reihensaat ist empfehlenswert, da hier leichter gejätet werden kann: Reihenabstand 20 cm, zwischen den Pflanzen 5 bis 10 cm. Die Abstände sind sehr variabel, da die Blüte hauptsächlich von der Tageslänge gesteuert wird. Von den Asia Greens kann man auch gut im Folienhaus überwinterte Pflanzen in den Garten umpflanzen oder im Folienhaus abblühen lassen. Pflanzen für die Samengewinnung sollte man möglichst nicht oder nur wenig beernten. So bekommen sie stärkere Wurzeln und lagern mehr Reservestoffe ein. Kälte wird von Asia Greens bis mindestens –10 °C vertragen, Nässe und Schneebedeckung dagegen nicht. Daher überwintern sie ungeschützt im Freien in der Regel nicht. Ich bevorzuge eine Überwinterung im Folienhaus, da dadurch eine Auslese auf Winterhärte stattfindet und lasse sie auch dort abblühen. Sie benötigen nicht so viel Platz und eine späte Kultur, zum Beispiel mit Gurken, ist danach noch möglich. Durch die viel frühere Blüte im Folienhaus kommen sie dem Befall mit Schädlingen zuvor. Da man oft nicht sicher

Blühende Salatrauke

sein kann, zu welcher Art die jeweilige Sorte gehört, vermehrt man am besten nur eine Sorte pro Folienhaus und Jahr. Von den Asia-Salaten bekommt man eine reiche Samenernte. Die Samen sind mindestens fünf Jahre keimfähig.

SALAT-RAUKE

Rucola wird im Frühjahr gesät. Sie ist weniger frosthart als die Asia Greens. Ihre Blütenfarbe ist weiß. Die Samenstände sind nicht so hoch und üppig wie bei den Asia Greens. Ein Stützen ist nicht nötig. Ansonsten erfolgen Anbau und Samenernte wie bei den Asia Greens.

WILDE RAUKE

Die im Supermarkt ganzjährig angebotene Rucola sind Zuchtformen der Wilden Rucola. Die sehr feinen Samen lassen sich nur schwer dünn aussäen. Sie keimen und wachsen langsam. Eine Voranzucht in Lochplatten, jeweils mehrere Samen in ein Töpfchen, bringt leichter Erfolg. Da die Wilde Rucola winterhart und mehrjährig ist, kann die Aussaat von Frühjahr bis Herbst stattfinden. Sommersaaten werden allerdings von Erdflöhen zerfressen. Nach dem Auspflanzen auf 20 x 30 cm wachsen sie zu kleinen Büschen heran, von denen die Blättchen immer wieder abgeschnitten oder abgezupft werden können. Die recht unscheinbare Blüte erscheint im zweiten Jahr. Die Samenstände blühen im oberen Bereich lange Zeit immer weiter, während unten die reifen Samen von alleine aus den feinen, zarten Hülsen ausfallen. Rings um die Mutterpflanzen wächst dann schon die nächste Ernte heran. Die Wilde Rucola kann durchaus auch zum Unkraut werden. Die Pflanzen benötigen keine Stütze, aber aufmerksame Beobachtung, wenn man Samen ernten will. Die Samenstände werden abgeschnitten und in einem Eimer etwas nachgetrocknet.

SELEKTION

Durch Überwinterung erfolgt eine Selektion auf Winterhärte. Ansonsten schaut man, ob alle Pflanzen die gewünschte Blattform und -farbe aufweisen und entfernt kümmerliche Exemplare.

SAMENREIFE UND -ERNTE

Die kleinen Pflänzchen entwickeln recht üppige bis über einen Meter hohe Samenstände, die mit unzähligen Schoten besetzt sind. In der Reife werden die Samenstände schwer. Wir bauen ein Stützgerüst aus vier Pfosten und spannen mit reichlich Schnur ein Netz. Die Samenstände blühen oben weiter, während die unteren Schoten schon reife Samen enthalten. Da die vollreifen Schoten aufplatzen, ist die Ernte ein Kompromiss. Man schneidet die Samenstände ab, wenn die Samen der unteren Schoten hart und braun sind. Eine Nachreife findet bei langsamem Trocknen im Schatten statt. Am besten schneidet man sie gleich in einen großen Kübel oder auch auf eine saubere Schubkarre und stellt diese unter Dach zum Trockenen. Oder man erntet in einen Baumwollsack und hängt diesen unter Dach auf. Viele Samen fallen beim Trocknen von alleine aus. Ein wenig Nachhilfe durch Reiben genügt. Dann muss man sie noch durch Sieben und Wind reinigen.

SCHWIERIGER ZU VERMEHRENDE KULTUREN

— Gemüse für Fortgeschrittene

Capsicum chinense

Chili 'Hot Purple' (Capsicum annuum)

PAPRIKA UND CHILI

Paprika mit ihrem süß-fruchtigen, erfrischend knackigem Geschmack sind aus unserer Ernährung nicht mehr wegzudenken. Auch die mehr oder weniger scharfen Chilis werden immer beliebter. Lange Vorkultur und hoher Wärmebedarf erschweren den eigenen Anbau. Dagegen ist die Samenernte relativ einfach.

Checkliste

- **Botanischer Name:** *Capsicum* spec.
- **Vermehrung:** Üblich ist einjähriger Anbau; frostfreie und helle Überwinterung ist möglich
- **Befruchtung:** überwiegend Selbstbestäubung
- **Pflanzenbedarf:** 1 für Eigenbedarf, 6 bis 12 für Erhaltung
- **Platzbedarf:** 1 bis 3 m^2 für 6 bis 12 Pflanzen
- **Mindestabstand zu anderen Sorten:** 30 m im Garten, im Gewächshaus sollte nur eine Sorte angebaut werden
- **Hilfsmittel:** Stützstäbe, Gummihandschuhe bei Chili

CAPSICUM-ARTEN

- ***Capsicum annuum:*** wichtigste Art, alle Gemüsepaprika und viele scharfe Sorten
- ***Capsicum baccatum*:** Aji-Sorten und Glockenchili (Bischofsmütze)
- ***Capsicum frutescens*:** strauchartiger Wuchs, viele Zierpaprikasorten, Früchte stehen steil nach oben
- ***Capsicum chinense:*** vereinen Schärfe mit fruchtigen Aromen, z. B. 'Habanero', 'Scotch Bonnet'
- ***Capsicum pubescens:*** behaarte Blätter, violette Blüten, Früchte mit schwarzen Samen, erträgt einige Frostgrade

Mittelscharfe Pfefferoni 'De Cayenne'

Paprika 'Kyra' – eine knackig-süße Paprika zum Rohverzehr

VORKULTUR

Paprika und Chili *(C. annuum, C. baccatum, C. frutescens)* benötigen eine ausreichend lange Vorkultur:

— Paprika: 8 bis 10 Wochen vor den letzten Frösten, ab Mitte Februar
— Scharfe Chili: 12 Wochen vor den letzten Frösten, ab Anfang Februar

Keimtemperatur: 25 bis 30 °C, z. B. Saatkiste mit Haube oder Folie bedeckt auf Heizung oder Wärmematte.

C. chinense und *C. pubescens* benötigen eine Keimtemperatur von 28 bis 30°C ab Februar. Sie sind in der Anzucht sehr wärmebedürftig und blühen und fruchten oft spät. Zwischen allen *Capsicum*-Arten besteht untereinander Verkreuzungsgefahr. Ausnahme: *Capsicum pubescens* kann gefahrlos neben den anderen Arten vermehrt werden.

ANBAU

Paprika sind noch wärme- und lichtbedürftiger als Tomaten. Nur wenige Sorten sind unter unseren Klimabedingungen geeignet für den Freilandanbau. Die Nachttemperaturen sollten mindestens 15 °C betragen. Wer nicht in einer besonders warmen, begünstigten Lage im Weinbaugebiet wohnt oder über eine geschützte Ecke im Hausgarten verfügt, wird für einen guten Ertrag an ausgereiften Früchten ein Gewächshaus, einen Folientunnel oder ein Frühbeet benötigen. Bei Freilandpflanzung kann eine Vliesbedeckung den Paprikapflanzen über die noch kühlen Nächte im Mai und Juni helfen. Ebenso unterstützt diese die bessere Ausreife der Früchte ab September.
Das Auspflanzen erfolgt in einem Abstand von 40 x 40 cm in gut vorbereiteten und gedüngten Boden. Etwas Schafwolle mit in

TOPFKULTUR

Chili und kleinfrüchtige Paprikasorten wachsen auch gut in größeren Töpfen oder Kübeln und können so im Herbst zur besseren Reife ins Haus umziehen und sogar überwintert werden. Im Gewächshaus sollte aber nur eine Sorte zur Vermehrung angebaut werden. Ein häufiges, leichtes Schütteln der Pflanzen fördert die Selbstbestäubung.

Voranzucht von Paprika

die Pflanzlöcher oder die Töpfe geben – so werden die Starkzehrer über einen längeren Zeitraum gleichmäßig mit Stickstoff versorgt. Ein Ausbrechen der ersten Blüte ergibt kräftigere Pflanzen. Ab der Blüte benötigen Paprika reichlich Wasser. Ausgeizen ist meist nicht erforderlich, Stützstäbe für hochwachsende nicht standfeste Sorten dagegen schon.
Paprika sollte nicht zu sparsam gedüngt werden. Da Paprika nicht aufhören zu wachsen und Früchte anzusetzen, brauchen sie im Juli und August jeweils eine Nachdüngung mit Brennnesseljauche, Bio-Dünger oder Horndünger.

ISOLIERUNG

Paprika und Chili sind zwar vorwiegend Selbstbefruchter, da die Blüten aber größer und für Bienen und Hummeln attraktiver sind als Tomatenblüten, kommt es öfter zu Bestäubungen. Entgegen der Art-Regel gibt es auch Bastarde zwischen den *Capsicum*-Arten. Man sollte sich nicht von der Fruchtgröße täuschen lassen. Auch große Paprikafrüchte können höllisch scharf schmecken, wenn sie in der vorigen Generation von einer Chiliblüte bestäubt wurden.

Im Garten sollte man einen Abstand von 30 m zu anderen Sorten einhalten und die Insekten mit einem reichlichen Blütenangebot umlenken. Besonders wichtig ist dies zwischen Gemüsepaprika und scharfen Sorten. Wer mehrerer Sorten in größerer Nähe sortenrein vermehren möchte, kann auch versuchen, einzelne Äste der Pflanze mit Vlies oder Teefilter zu verpacken und so die Selbstbestäubung erzwingen. Ein längeres Bedecken der ganzen Pflanze hat sich jedoch, vor allem im Gewächshaus, nicht bewährt.

Die Samen werden mit dem Messer herausgekratzt …

Die Pflanzen erhalten dann zu wenig Licht und werfen die Blüten ab. Im Freiland ist Vliesbedeckung bis zum Ansatz der ersten Früchte unproblematisch. Vor Hitzeperioden sollte es aber auf jeden Fall abgenommen werden.

PROBLEME

Schnecken lieben Paprika in jedem Entwicklungsstadium: Blätter, Blüten und Früchte werden gern gefressen. Paprikafrüchte sind anfällig für Sonnenbrand, die Schoten bestehen dann an der Sonnenseite aus weiß-braun abgestorbenem Gewebe und beginnen zu faulen. Auch Früchte die auf dem Boden aufliegen, können faulen. Paprika können vom samenübertragbaren Tabakmosaikvirus befallen werden. Dies kann bei Rauchern durch den Tabak übertragen werden. Händewaschen mindert das Risiko!
Vögel vertragen auch scharfe Chilis problemlos und holen sich manche Frucht. Mäuse und Ratten können im Herbst die Samen aus den Früchten fressen und so die ganze Ernte vernichten.

SELEKTION

Die Früchte sollten die sortentypische Form und Farbe aufweisen, süß und sortentypisch mild oder scharf schmecken. Auch auf Pflanzengesundheit, Standfestigkeit und frühe Reife ist zu achten.

SAATGUTERNTE

Für eine gute Saatgutqualität sollten die Früchte vollständig ausgereift geerntet werden. Lassen Sie sie nach dem Rotwerden (bei rot-reifen Früchten oder entsprechend bei anderen Farben) möglichst noch etwas hängen. Samen unreif geernteter oder notreifer Früchte reifen nicht nach und haben eine geringe Qualität.
Die Samen werden aus der aufgeschnittenen Frucht entnommen. In einem Wasserbad kann man die oben schwimmenden tauben Samen entfernen. Danach gut trocknen. Bei scharfen Chilis unbedingt Gummihandschuhe anziehen, nicht ins Gesicht fassen und möglichst im Freien oder bei offenem Fenster arbeiten. Die Dämpfe reizen die Augen und geben Anlass zum Husten!

... und müssen sorgfältig getrocknet werden.

AUBERGINE

Die Kultur von Auberginen ist bei uns noch nicht so verbreitet. Für den Erwerbsanbau werden Auberginen ausschließlich im Gewächshaus gepflanzt. Es gibt jedoch einige wenige samenfeste Sorten, die auch im Freiland einen Ertrag bringen.

Checkliste

- **Botanischer Name:** *Solanum melongena*
- **Vermehrung:** einjährig
- **Befruchtung:** überwiegend Selbstbestäubung
- **Pflanzenbedarf:** 1 für Eigenbedarf, 6 bis 12 für Erhaltung
- **Platzbedarf:** 1 bis 3 m^2 für 6 bis 12 Pflanzen (50 x 50 cm pro Pflanze)
- **Mindestabstand zu anderen Sorten:** 30 m im Garten, im Gewächshaus sollte nur eine Sorte angebaut werden
- **Hilfsmittel:** Stützstäbe

ANBAU

Voranzucht und Anbau von Auberginen entsprechen weitgehend dem von Paprika. Sechs bis acht Wochen vor dem letzten Frost, ab Februar bis Mitte März, ist der beste Zeitpunkt für die Voranzucht im Warmen.
Ausgepflanzt werden die jungen Pflanzen Mitte Mai. Je nach Sorte sind Wuchskraft und damit der Platzbedarf und die Ansprüche an Düngung und Bewässerung höher als bei Paprika. Achtung: Nur wenige Sorten sind wirklich freilandtauglich!

PROBLEME

Schnecken, Fäulnis und Sonnenbrand bereiten ähnliche Probleme wie bei Paprika. Auberginen können vom Kartoffelkäfer befallen werden. Daher regelmäßig kontrollieren und die Käfer absammeln, bevor die Larven erscheinen.

SAMENERNTE

Auberginen werden für die Küche unreif geerntet. Für die Samenreife lässt man einzelne Früchte bis zum Farbumschlag hängen. Die Früchte sind dann hart oder auch schon etwas matschig und die Samen braun. Um die kleinen Samen aus dem umgebenden Fruchtfleisch zu lösen, gibt man dieses in einen Mixbecher mit reichlich Wasser und mixt das Ganze mit einem Stabmixer kurz durch. Die Samen finden sich dann am Boden des Gefäßes und können leicht vom Fruchtfleisch getrennt werden. Gut trocknen ist wichtig.

'Black Enorma'

Die Früchte von 'Blanche ronde à oeufs' erinnern an Eier.

Auberginen von Weiß bis Violett

'Blaukönigin'

Blüte der ertragreichen Sorte 'Birgah'

Aubergine und Paprika unter einem Kulturschutznetz

KÜRBIS UND ZUCCHINI

Der Anbau von Kürbissen für Küche und Samengewinnung wäre einfach, wenn da nicht die hochgradige Verkreuzungsgefahr durch die großen, attraktiven Blüten wäre. Nur deshalb zähle ich Kürbisse zu den Kulturen für Fortgeschrittene. Wer die Verkreuzungsverhältnisse versteht, hat es mit der Kürbisvermehrung leicht.

Checkliste

- **Botanische Namen:** *Cucurbita maxima, Cucurbita moschata, Cucurbita pepo*
- **Vermehrung:** einjährig
- **Befruchtung:** Insektenbestäuber
- **Pflanzenbedarf:** mind. 6 bis 12 Pflanzen
- **Platzbedarf:** 1 bis 2 m² pro Pflanze, bei 6 Pflanzen insgesamt mind. 6 m²
- **Mindestabstand zu anderen Sorten der gleichen Art:** 150 m im gut strukturierten Garten, auf Freiflächen mind. 500 m

Die bei uns am häufigsten angebauten Kürbisse gehören zu drei verschiedenen Arten: Garten-Kürbis *(Cucurbita pepo),* Riesen-Kürbis *(Cucurbita maxima)* und Moschus-Kürbis *(Cucurbita moschata).*
Die Sorten einer Art verkreuzen sich untereinander. Zwischen den Arten findet keine Verkreuzung statt.
Zucchini sind eine Unterart des Garten-Kürbisses*: Cucurbita pepo* subsp. *pepo* convar. *giromontiina).* Wenn wir hier von Kürbis reden, sind Zucchini stets mitgemeint. Zucchini sind nichts anderes als unreif geerntete Kürbisse. Auch andere Kürbissorten können unreif genutzt werden.

ANBAU

Kürbisse und Zucchini sind frostempfindlich und werden erst nach Mitte Mai draußen ausgesät bzw. ausgepflanzt (vorgezogene Pflanzen). Je nach Sorte benötigt jede Pflanze 1 bis 2 m² Platz. Kürbisse danken gut gedüngten, mit reichlich organischem Material versehenen Boden und gute Wasserversorgung mit üppigem Wachstum und reichem Fruchtansatz.

VERKREUZUNG VERMEIDEN

Kürbisse haben große, für Insekten sehr attraktive Blüten mit reichlich Nektar und Pollen. Daher sind größere Abstände zu anderen Kürbissorten der gleichen Art notwendig, in freiem Gelände mindestens 500 m. Da in fast allen Gärten zumindest Zucchini angebaut werden und auch in der Landwirtschaft immer mehr Kürbisfelder bestellt werden, oft mit vielen Sorten in unterschiedlichen Arten, bedarf es zur sortenreinen Vermehrung von Kürbissen eine gründliche Analyse der am Ort herrschenden Verhältnisse (siehe auch S. 54 f.: Verantwortung bei Samenweitergabe).

Wer es geschickt anstellt und keine Probleme mit Kürbissen in der Nachbarschaft hat, kann beispielsweise eine Zucchinisorte, einen Hokkaido- und einen Butternut-Kürbis nebeneinander sortenrein vermehren. Voraussetzung ist ein entsprechend großes Gartenstück. Weniger als sechs Pflanzen pro Sorte sollten es nicht sein, da Kürbisse auf fremden Pollen zur Befruchtung angewiesen sind. Zwei Zucchini- (manchmal auch nur eine) oder zwei Hokkaido-Pflanzen bringen zwar noch Früchte für die Küche zustande, der Samenertrag ist aber sehr gering oder fällt ganz aus.

Je mehr Pflanzen pro Sorte, desto besser der Samenertrag.

Falls man beim nächsten Anbau merkt, dass es doch bereits zu einer Sortenverkreuzung gekommen ist, hilft nur eine Selektion vor der Blüte, die Sorte wieder rein zu bekommen (siehe S. 31).

Riesen-Kürbis mit typischem Stielansatz

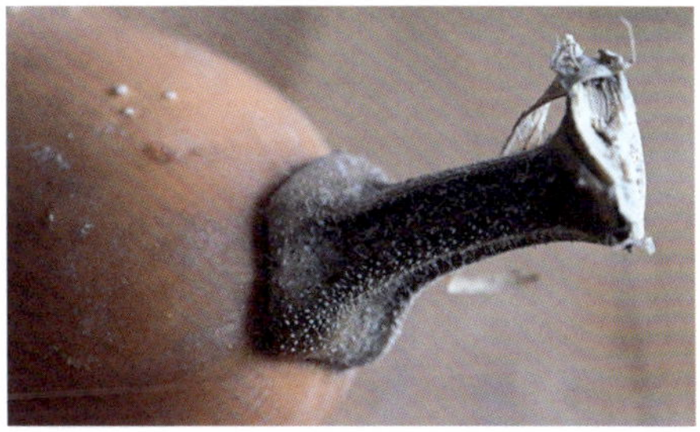

Moschus-Kürbis mit typischem Stielansatz

Garten-Kürbis mit typischem Stielansatz

☞ KÜRBIS-ARTEN UND -SORTEN

DEUTSCHER NAME	BOTANISCHER NAME	STÄNGEL-MERKMAL	SICH UNTEREINANDER VERKREUZENDE UNTERARTEN UND SORTEN
RIESEN-KÜRBIS	*Cucurbita maxima*	Eher weiche, runde und verkorkte Stängel, 1 bis 6 cm dick	Atlantischer Riese, Blaue Banane, Blauer Ungarischer, Gelber Zentner, Hokkaido, Turban-Kürbis
MOSCHUS-KÜRBIS	*Cucurbita moschata*	Stängel verbreitert sich zur Frucht hin, an der Ansatzstelle stark eingeschnürt oder weit ausladend	Butternut, Futsu Black, Langer von Napoli, Longue de Nice, Mantelsackkürbis, Muscade de Provence
GARTEN-KÜRBIS	*Cucurbita pepo*	Harter, leicht bestachelter Stängel mit 5 Längsfurchen	Halloween-Kürbis, Mikrowellen-Kürbis, Öl-Kürbis, Pattison (Ufo), Spaghetti-Kürbis, Zierkürbisse, Zucchini

Kürbisblüte mit Insekt

HANDBESTÄUBUNG

Eine Methode, um unerwünschte Einkreuzungen von vornherein zu vermeiden, ist die Bestäubung der Kürbisblüten von Hand. Dies ist allerdings recht arbeitsaufwendig, und der Samenertrag ist schlechter als bei freier Bestäubung.
Die Pflanzen dürfen noch keine Früchte angesetzt haben, falls doch, werden alle bereits sichtbaren Früchte und auch die geöffneten Blüten entfernt. Die Blüten, die sich am nächsten Tag öffnen werden, sind bereits an der gelben Farbe erkennbar. Am Nachmittag vor der Bestäubung klebt man sowohl die männlichen (die benötigt man meist nicht alle) wie auch die weiblichen Blüten mit Malerkrepp an der Blütenspitze zu. Das hindert die Blüten daran, sich von alleine zu öffnen. Am späteren Vormittag – nur bei schönem trockenem Wetter, denn bei Nässe verklebt der Pollen – sammelt man zunächst einige männliche Blüten von mehreren Pflanzen ein. Dann sucht man eine weibliche Blüte und öffnet das Kreppband vorsichtig. Dabei immer auf hungrige Bienen achten! Die männlichen Blüten werden von den Blütenblättern befreit und der Pollen von zwei bis drei männlichen Blüten wird direkt von der Blüte auf den Stempel der weiblichen Blüte verteilt. Dann wird die bestäubte Blüte sofort wieder mit dem Klebeband verschlossen. Ich markiere die bestäubte Blüte durch Einritzen mit dem Fingernagel auf dem Fruchtknoten. Dies ist später beim Ernten der Kürbisse deutlich sichtbar.
Meist muss man geduldig täglich über mehrere Wochen Blüten von Hand bestäuben, bis ein ausreichender Fruchtansatz erreicht ist.

ALTERNATIVE: ISOLIEREN DURCH EINNETZEN

Aufgrund des hohen Flächenbedarfs ist das Einnetzen von Kürbissen aufwendig. Es benötigt zudem einen guten Insektenbesatz, um die Blüten zu bestäuben. Man kann in höheren Tunneln auch eine Handbestäubung vornehmen, ohne dass die Blüten zugeklebt werden müssen. Allerdings ist es in den Tunneln eng und viel wärmer als draußen. Möglicherweise ist dies auch der Grund für den geringeren Fruchtansatz.

ERNTE- UND SAMENREIFE

Erntereif sind Kürbisse, von denen man die Samen gewinnen möchte, wenn die Schale sortentypisch ausgefärbt ist und sich nicht mehr ritzen lässt. Zucchini müssen sehr lange an der Pflanze reifen und gelbbraun gefärbt sein.
Die Ernte aller Kürbisse muss auf jeden Fall vor der ersten Frostnacht erfolgen, da die Früchte sonst schnell faulen und nicht mehr lagerbar sind. Bei den Garten-Kürbissen können gleich nach der Ernte die Samen entnommen werden. Riesen-Kürbisse sollte man noch etwa vier Wochen nach der Ernte nachreifen lassen. Moschus-Kürbisse werden bis zur Samenentnahme noch zwei bis drei Monate gelagert. Die Keimfähigkeit verbessert sich in dieser Zeit noch.
Kürbisse sind für mich ein wichtiger Teil des Wintergemüses. Viele Sorten, besonders von *Maxima*- und *Moschata*-Sorten, lassen sich

sehr lange in einem trockenen Keller bei 12 bis 15 °C lagern. So erstreckt sich auch die Samenernte über den ganzen Winter.

SAMENGEWINNUNG

Die Samengewinnung von Kürbissen ist denkbar einfach. Sie sind das Nebenprodukt bei der Zubereitung in der Küche, das meistens weggeworfen wird.
Die vom umgebenden Fruchtfleisch getrennten Samen werden gut gewaschen und anschließend auf einem Tuch getrocknet. Da die Samen groß sind, dauert das Trocknen bei Zimmertemperatur mindestens eine Woche. Von den getrockneten Samen reibt man dann noch die dünnen Häutchen ab. Um taube Samen auszulesen, kann man die Samen einzeln einem Test unterziehen: Taube Samen lassen sich mit den Fingern brechen, gut ausgebildete nicht.

WEITERE KÜRBISARTEN

Diese Arten stellen keine Verkreuzungsgefahr für die genannten Kürbisarten dar:
Öl-Kürbisse *(Cucurbita pepo* var. *styriaca*): Sie werden wegen ihrer schalenlosen Kerne angebaut. Das Fruchtfleisch ist meist wertlos und nur zum Verfüttern an Schweine und Gänse geeignet. Die fehlende schützende Schale macht die Kerne recht empfindlich. Bei der Aussaat empfiehlt sich eine Voranzucht in Töpfchen mit Topfpflanzensubstrat (Blumenerde), nur leicht feucht und gut warm (> 20 °C). Bei der Ernte fallen größere Mengen Kerne auf einmal an. Sie werden gewaschen und müssen anschließend sehr schnell getrocknet werden. Ohne künstliche Wärmezufuhr vergammeln die Kerne rasch. Eine Trocknung in einem Dörrautomaten, zur Saatgutgewinnung vorsichtig bei max. 30 °C, ist sehr empfehlenswert. Bei Kernen, die man später knabbern möchte, kann die Temperatur auch höher sein.

Samen im länger gelagerten Riesen-Kürbis 'Candy Roaster'

Feigenblatt-Kürbis *(Cucurbita ficifolia)*: Grün und/oder weiß ähnlich einer Wassermelone, die schwarzen Kerne sind im Fruchtfleisch verteilt. Das Fruchtfleisch ist sehr süß und wird gerne zu Süßigkeiten verarbeitet. Hierzulande überwiegt die Verwendung als Veredlungsunterlage für Gurken.
Silbersamen-Kürbis *(Cucurbita mixta):* Alle Pflanzenteile, Blüten, Triebe, Stängel und junge Früchte werden als Gemüse, die Samen für Soßen verwendet.
Wachskürbis *(Benincasa hispida)*: Alle Pflanzenteile werden gegessen und als Heilmittel verwendet. Das Wachs der Schale kann zu Kerzen verarbeitet werden.
Flaschenkürbis, Kalebasse *(Langenaria siceraria):* Junge Früchte sind roh und gekocht essbar.

ZUCCHINI-SAMEN

Zucchini-Pflanzen, an denen man Früchte ausreifen lässt, produzieren keine weiteren Früchte. Um trotzdem genügend Zucchini für die Küche zu haben, lasse ich nur bei einem Teil der Pflanzen die Früchte ausreifen. Die anderen beernte ich fortlaufend. Für die Befruchtung liefern sie trotzdem ihren Beitrag.

GURKEN UND MELONEN

Alte Gurkensorten gehören oft zu den „Universalgurken". Erst durch die Züchtung für den modernen Intensivanbau wurden Gurkensorten speziell auf den jeweiligen Verwendungszweck gezüchtet.

Checkliste

- **Botanischer Name:** *Cucumis sativus, Cucumis melo, Citrullus lanatus*
- **Vermehrung:** einjährig
- **Befruchtung:** Insektenbestäuber
- **Pflanzenbedarf:** mind. 6 bis 12 Pflanzen
- **Platzbedarf:** mind. 3 m² für 6 Pflanzen
- **Mindestabstand zu anderen Sorten:** mind. 150 m (gilt auch für Gartennachbarn)
- **Hilfsmittel:** Rankhilfen, Brettchen zum Unterlegen

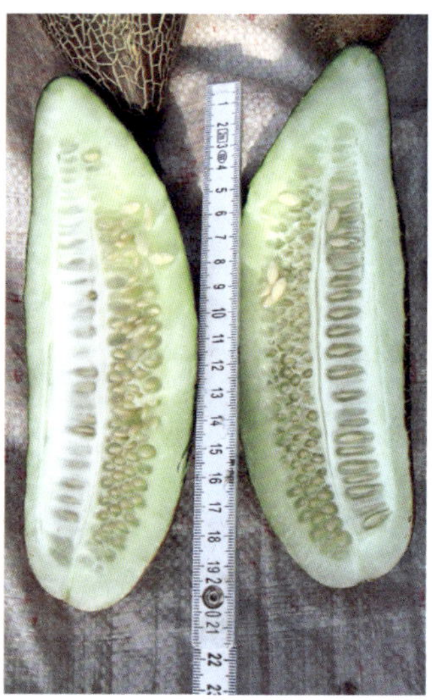

Linkes Bild: Sikkimgurke, eine alte Gurkensorte, kurz vor der Samenreife. Die grüne Grundfarbe sollte sich noch etwas in Richtung Gelb verändern. Rechtes Bild: Aufgeschnittene samenreife Gurkenfrucht: Nur die rechte Hälfte hat viele gut ausgebildete Samen.

Es gibt mittlerweile Einlegesorten fürs Freiland und Schlangengurkensorten fürs Gewächshaus. Seit einigen Jahren steigt auch das Interesse an leicht bestachelten „Landgurken" oder „Bauerngurken". Leider sind diese meist F1-Hybriden.

ANBAU

Gurken zur Vermehrung sollten vorgezogen, erst nach den Eisheiligen ausgepflanzt und noch bis Juni mit Vlies vor kalten Nächten und Wind geschützt werden. Gurken nehmen schon bei Temperaturen unter 5 °C Schaden. Durch das Vorziehen verlängert sich die Vegetationszeit und wir haben so eventuell Zeit für eine Selektion.
Gurken benötigen einen warmen, windgeschützten Platz und einen stark humosen Boden. Für üppiges Wachstum sorgen eine reichliche Kompostgabe und etwas Stickstoffdünger. Meistens ist eine zusätzliche Bewässerung mit angewärmtem Wasser, ohne Benetzung der Blätter, erforderlich. Eine Mischkultur mit Zuckermais und Stangenbohnen kann einen guten Windschutz bieten und gleichzeitig die Verkreuzungsgefahr mit anderen Gurkensorten reduzieren.
Salatgurken sollten aufgeleitet werden, Essiggurken und Schälgurkensorten können auf dem Boden wachsen. Reifende Früchte sollten aber bei sehr feuchtem Wetter mit Brettchen o. Ä. unterlegt werden, damit sie nicht vorzeitig faulen.

Ich baue eine Gurkensorte im Folienhaus an und eine weitere Sorte im Freien. Trotz der räumlichen Nähe habe ich hierbei noch keine Verkreuzungen beobachtet.

KRANKHEITEN UND SCHÄDLINGE

Beim Gurkenanbau vor allem im Freiland verkürzt das Auftreten von Falschem und Echtem Mehltau die Saison oft erheblich. Kühle Nächte mit Taubildung sind hier die Ursache. Von den vielen Stärkungsmitteln zur Vorbeugung ist besonders Schachtelhalmbrühe erwähnenswert. Dazu wird 1 kg getrockneter Schachtelhalm in 10 l Wasser eine halbe Stunde gekocht. Nach dem Abkühlen verdünnt (1:4) auf die Pflanzen sprühen! Besonders wirksam bei Anwendung an drei sonnigen Tagen hintereinander um die Mittagszeit. Schachtelhalm-Reste und übrige Brühe werden auf den Boden in Pflanzennähe gegossen. Die Samenreife wird durch den Mehltau meist nicht sehr beeinträchtigt, da wir schon die ersten Früchte zur Reife hängen lassen.

SELEKTION

Bei Gurken achten wir auf zügiges Wachstum, gesunde Pflanzen, reichen und frühen Fruchtansatz, sortentypische Früchte und wenig Bitterstoffe.
Eine wirksame Selektion auf Sortenreinheit ist nur vor der Blüte möglich. Allerdings erkennen wir untypische Früchte erst einige Zeit nach dem Fruchtansatz. Falls wir Pflanzen mit „falschen“ Früchten bemerken, müssen nochmal alle Früchte und auch alle geöffneten Blüten aller Gurkenpflanzen sowie die falschen Pflanzen komplett entfernt werden. Nur so können sich die „richtigen“ Pflanzen gegenseitig befruchten und wieder sortenreine Samen ausbilden. Hoffentlich sind dann noch genügend Pflanzen vorhanden. Wenn der Verdacht auf Einkreuzung besteht, sollte sicherheitshalber mit deutlich mehr Ausgangspflanzen begonnen werden.
Gurken können sich je nach Sorte in unterschiedlichem Ausmaß auch selbst bestäuben und so Früchte ausbilden. Diese Früchte können völlig normal aussehen, enthalten aber keine Samen.
Der Samenertrag auch von großen, gut ausgebildeten Früchten kann, je nach Sorte, enttäuschend sein. Man belässt zwei bis drei sortentypisch ausgebildete Früchte je Pflanze. Wachsen diese Früchte am Hauptstamm der Gurkenpflanze, werden keine weiteren Früchte angesetzt. Besser also man lässt nur Früchte an den Trieben 2. und 3. Ordnung reif werden. Alle weiteren Gurken an der Pflanze werden unreif für die Küche geerntet.

SAMENREIFE

Im Gegensatz zum Anbau für die Küche müssen die Gurkenfrüchte für die Vermehrung vollreif sein. Dies ist erst lange nach der Genussreife der Fall. Anzeichen sind der Farbumschlag nach Gelb, Gelborange oder Braun sowie die hart gewordene Schale. Lassen Sie die Früchte nach der Ernte noch zwei bis drei Wochen unter Dach nachreifen. Achtung: Die Früchte können faulen!

SAMENGEWINNUNG

Die Früchte werden längs halbiert und die Samen mit einem Löffel herausgekratzt. Samen mit Wasser 24 Stunden vergären lassen, dabei öfter umrühren (siehe S. 50). Der Samen ist von einer Gallerthülle umgeben, die die Keimung verhindert. Sie wird durch die Gärung abgebaut. Wichtig: Nicht zu lange gären lassen! Die leichteren tauben Samen schwimmen über den schweren guten Samen und können abgeschüttet werden.

Blühender Bestand von Zichorien-Salat 'Catalogna Aurelia TT' – auch optisch eine Bereicherung

Die Blüten der Zichorien ähneln denen ihrer Stammform, der Wegwarte.

Blick in das geöffnete Samenkörbchen einer Zichorie (vergrößert)

ZICHORIENSALATE

Die Zichoriensalate Radicchio, Zuckerhut, Chicorée und Wurzelzichorien sind aus unserer heimischen Wegwarte entstanden und können sich mit dieser verkreuzen. Bei Endivie ist die Entstehung nicht vollständig geklärt.

Checkliste

- **Botanische Namen:** *Cichorium intybus* var. *foliosum, Cichorium intybus* var. *folisum* var. *cylindricum, Cichorium endivia*
- **Vermehrung:** zweijährig
- **Befruchtung:** Fremdbefruchter (Insektenbestäuber)
- **Pflanzenbedarf:** für Eigenbedarf 3, für Sortenerhalt mindestens 15
- **Platzbedarf:** 3 m² für 15 Pflanzen (40 x 50 cm pro Pflanze)
- **Mindestabstand zu anderen Sorten:** 150 m
- **Hilfsmittel:** Stützgerüst

Zichoriensalate sind typische Salate für den Herbstanbau. Bei traditionellen Sorten bewirkt ein Anbau vor Mitte Juni vorzeitiges Schossen. Sie vertragen tiefere Temperaturen im Herbst, Endivie mit Schutz sogar bis –3 °C, Zuckerhut und Radicchio mit Vliesschutz bis –5 °C. Manche Radicchiosorten sind winterhart und bleiben für eine Ernte im Frühjahr im Garten stehen. Ein Überwintern von ausgewachsenen Pflanzen im Freien dürfte nur in wenigen Gebieten mit sehr milden Wintern möglich sein. Am ehesten noch bei Zuckerhut und manchen Radicchio-Sorten mit Vliesschutz. Besser gelingt die Überwinterung in einem Frühbeet oder Folienhaus (Vorsicht vor Mäusen!). Auch die Feuchtigkeit, die Häufigkeit von Regenfällen und Schnee haben einen großen Einfluss auf die Winterhärte. Häufiges Gefrieren und wieder Auftauen schadet den Pflanzen sehr. Endivie fault sehr leicht. Mir ist die Vermehrung noch nicht gelungen.

ANBAU

Für die Saatgutvermehrung muss man meistens auf größere Jungpflanzen zurückgreifen. Dazu werden Endivie, Zuckerhut und Radicchio erst im August oder Anfang September gesät. Ende Oktober oder im November, auf alle Fälle bevor es deutliche Fröste gibt, gräbt man die großen Jungpflanzen aus, setzt sie in Töpfe und überwintert sie in einem frostfreien Gewächshaus.
Im Frühjahr werden sie in genügendem Abstand ausgepflanzt (40 x 50 cm), da der Blütenstiel recht hoch wird und sich weit verzweigt. Am besten mit einem Schnurgerüst stützen. Eine Auslese der schönsten Pflanzen erfolgt im Frühjahr noch vor dem Schießen.

KRANKHEITEN UND SCHÄDLINGE

Zichoriensalate sind eine recht gesunde Kultur. Bei Endivien kommt es häufiger zu Fäulnis. Sie brauchen eine gute Versorgung mit Kalium.
Größtes Problem sind bei uns die Mäuse. Nach der Getreideernte ziehen sie gerne auf Dauergrünland und in Gärten um. Zichoriensalate sind hierbei ihre absolute Leibspeise. Meist bemerkt man den Schaden erst, wenn die Blätter oben welken. Dann lassen sich die Pflanzen leicht herausziehen, da die Wurzel und oft auch das Herz der Pflanze abgefressen sind. Die Mäuse arbeiten unbemerkt im Untergrund besonders gerne auch unter Vliesabdeckung. Mit Fallen sind sie dann nicht mehr zu fangen. Man muss rechtzeitig ab Spätsommer Mäusespuren beobachten und sofort mit Fallen regulierend eingreifen.

SELEKTION

Achten Sie bei der Selektion auf Farbe, Form und Größe der Blätter, Zartheit, möglichst auch Kopf- oder Rosettenbildung, schnelles Wachstum und spätes Schießen. Im ersten Jahr schießende Pflanzen sollte man nicht vermehren.

SAMENREIFE UND -ERNTE

Die Pflanzen blühen über einen langen Zeitraum bis spät in den Herbst mit wunderschönen blauen Blüten. Die Samen sitzen recht fest in den Blattachseln. Die ersten im Sommer reifen Samen sind meist von besserer Qualität als die späteren. Je nach Witterung sind viele Samen taub. Sobald die Samen braun sind, sollte man laufend die reifen Samenkapseln abzupfen. Auch ein Ernten von ganzen Zweigen ist möglich. Sie werden unter Dach nachgetrocknet und im Sack ausgedroschen.

WINTERSALATE

Zuckerhut und Endivie sind ein wichtiger Teil meiner Selbstversorgung mit frischem Salat im Winter. Mit etwas Vliesschutz können sie meist bis in den Januar hinein im Freien geerntet werden. Auch nach der Ernte ist die Lagerung in einer kalten Garage, mit Säcken etwas vor Verdunstung geschützt, noch über viele Wochen möglich. Sind die äußeren Blätter welk, werden sie wieder saftig, wenn man den ganzen Kopf mit kaltem Wasser benetzt und einige Zeit wartet.

MÖHRE, KAROTTE

Möhren sind meine Lieblingskultur. Nicht nur wegen der Wurzeln als unentbehrlicher Wintervorrat. Ich liebe auch den Duft der blühenden Möhren und den möhrigen Geruch der reifen Samen bei der Arbeit mit dem Saatgut.

Checkliste

— **Botanischer Name:** *Daucus carota*
— **Vermehrung:** zweijährig
— **Befruchtung:** Fremdbefruchter (Insektenbestäuber)
— **Pflanzenbedarf:** mind. 30 Pflanzen
— **Platzbedarf:** 2 bis 3 m^2 (30 x 30 cm pro Samenträger)
— **Mindestabstand zu anderen Sorten:** 100 bis 150 m
— **Hilfsmittel:** Stützen, Pfosten, Schnur

VERKREUZUNGSGEFAHR

Gärten, die von spät gemähten Wiesen mit Wilden Möhren umgeben sind, eignen sich nicht gut zur Vermehrung von Kulturmöhren. Leider ist die Wilde Möhre auch in mehrjährigen Blühmischungen enthalten. Sie blüht allerdings relativ spät. Bei frühem Auspflanzen leicht vorgetriebener Kulturmöhren blühen diese zwei bis drei Wochen früher. Außerdem kann man die wilden Blüten in der Nähe entfernen oder den Schnittzeitpunkt der Wiesen vorverlegen. Wenn die Wilde Möhre nach dem Schnitt wieder zur Blüte kommt, haben die Kulturmöhren bereits genügend Samen angesetzt. Spätere Blüten der Kultursorte werden abgeschnitten oder einfach nicht mehr beerntet. Im Hobbybereich lässt sich mit einer geringen Einkreuzung von 1 bis 2 % leben. Die wilden Wurzeln sind weiß und zäh und werden bei der nächsten Vermehrung einfach ausselektiert.

AUSSAAT

Beim Anbau von Möhren für die Vermehrung muss man den Aussaatzeitpunkt überdenken. Normalerweise säen wir frühe Möhrensorten (kürzere Vegetationsdauer) früh im Jahr aus, um schon im Sommer eine Ernte zu haben. Für die Vermehrung müssen die gut ausgereiften, aber nicht überständigen Möhrenwurzeln allerdings überwintern. Das ist umso erfolgversprechender, je später der Erntezeitpunkt gewählt werden kann.
Wir säen also frühe Möhrensorten so spät wie möglich: Juni oder Juli dürfte für die

Die Möhren sollten ausgedünnt werden, damit sie sortentypische Wurzeln ausbilden können.

Die Ernte wurde zur Selektion ausgelegt. Im Vordergrund befinden sich die Wurzeln für die spätere Samengewinnung.

Von wegen orange? Bunte Möhrenvielfalt – es lohnt sich, die Unterschiede in Geschmack und Konsistenz zu entdecken.

meisten Standorte und Sorten passen. Späte Lagermöhrensorten (längere Vegetationsdauer) säen wir wie gewohnt im Mai. Die Kulturmaßnahmen – düngen, jäten und ausdünnen (wichtig für sortentypisch ausgebildete Wurzeln) – erfolgen im ersten Jahr wie gewohnt.
Keinesfalls werden Möhren, die schon im Jahr der Aussaat blühen, zur Samenernte herangezogen. Sie müssen umgehend entfernt werden, um sich nicht in Samenträgerbestände einzukreuzen.

ERNTE

Den Erntezeitpunkt wählen wir so spät, wie es unsere Verhältnisse zulassen. Hier bei uns südlich von Stuttgart, mit schweren Böden, ist das Mitte bis Ende Oktober der Fall.
Im Spätherbst trocknet der Boden nach Niederschlägen nicht mehr ab, eine spätere Ernte wird leicht zur Schlammschlacht. Außerdem steigt die Gefahr des Mäusefraßes. Da Möhrenwurzeln in der Erde auch etwas Frost vertragen, kann man in milde-

ren Gegenden, bei geringem Mäuserisiko, auch eine Überwinterung im Freien unter einer Strohbedeckung versuchen.

SELEKTION

Die erste Selektion erfolgt bei der Ernte. Die schönsten Wurzeln, was Größe, Form und Gesundheit angeht, legen wir beiseite. Aufgeplatzte, beinige Wurzeln oder solche mit krankem Laub werden aussortiert. Bei unseren künftigen Samenträgern wird das Laub sehr vorsichtig entfernt. Das Herz muss unbedingt unbeschädigt bleiben, das letzte Laubblättchen noch sichtbar sein. Eine Geschmacksselektion der Möhrenwurzeln ist nach der Ernte oder nach dem Auswintern aus dem Lager möglich. Dazu wird das untere Drittel der Möhrenwurzel abgeschnitten und jeweils eine Scheibe davon verkostet. Die Verletzung der Wurzel wird mit Holzasche oder Holzkohle bestreut, um Fäulnis zu verhindern.

ÜBERWINTERUNG

Während wir unsere Speisemöhren einfach in einer eingegrabenen Waschmaschinentrommel einlagern, verfahren wir mit den künftigen Samenträgern vorsichtiger. Wir schichten sie mit einem leicht feuchten Holzspäne-Kokossubstrat-Gemisch so in Kisten ein, dass sich die Wurzeln nicht berühren (Einlagerung, siehe S. 34). Einzelne faulende Wurzeln stecken so andere Wurzeln nicht an. Dann kommen die Kisten in eine frostfreie und mäusesichere Garage. Die zunehmend länger anhaltenden höhe-

Überwinterte Möhre mit neuen Wurzeln

Auspflanzen nach dem Winter

Die Blütentriebe der Möhren finden etwas Halt durch die Bambusstäbe.

Möhrenbestand mit Blüten und halbreifen Samen – ein Paradies für Bienen, Hummeln und Co.

ren Temperaturen im Herbst erhöhen das Risiko, dass die Wurzeln noch einmal Blätter treiben, bis es endlich kalt genug für die Winterruhe ist.
Nach den stärksten Frösten Ende Februar oder Anfang März kommen die Kisten in ein unbeheiztes Folienhaus. Sie werden feucht gehalten und gewöhnen sich hier wieder an Licht und Wärme.

AUSPFLANZUNG

Ausgepflanzt wird so früh, wie es der Boden zulässt, mit einem Abstand von ca. 20 cm in der Reihe und ca. 50 cm zwischen den Reihen. Die Möhren müssen senkrecht ganz in den Boden und zum Anwachsen gut gewässert werden. Nach dem Anwachsen kann man noch anhäufeln – für eine bessere Standfestigkeit.
Wenn die Blütenstiele wachsen, bauen wir mit vier bis sechs Pfosten und viel Schnur ein Stütznetz um das Beet, durch das die Dolden durchwachsen.

SAMENREIFE UND -ERNTE

Die Samenreife erfolgt über einen längeren Zeitraum. Die ersten großen Hauptdolden haben die besten Samen. Geerntet wird in zwei bis drei Durchgängen, sobald sich die Samen an den Dolden wenigstens etwas von Grün nach Braun gefärbt haben. Bei Regenwetter kann es zur Verpilzung kommen.
Die Dolden werden einzeln mit der Schere abgeschnitten und trocknen in Tüchern oder luftig in Säcken aufgehängt nach.
Die späteren kleinen Dolden beernten wir nicht mehr.
Völlig trocken lassen sich die Dolden leicht von Hand ausrebeln oder in einem Sack ausdreschen. Die Samen haben kleine Wimpern, die abgerieben werden sollten. So lassen sie sich besser aussäen und brauchen weniger Volumen beim Lagern. Man reibt die Samen dazu in einem metallenen Haarsieb oder auf grobem Leinenstoff gegeneinander und entfernt den dabei entstehenden Staub durch Wind oder Sieben.

Frisch geerntet: Pastinaken links, rechts Schwarzwurzeln

PASTINAKE

Lange Zeit war die Pastinake in Vergessenheit geraten. Heute wird sie wegen ihres würzigen Geschmacks gerne als Kinder- und Diätkost verwendet. Da sie winterhart ist, gelingt die Vermehrung etwas einfacher als bei Möhren.

Checkliste

- **Botanischer Name:** *Pastinaca sativa*
- **Vermehrung:** zweijährig
- **Befruchtung:** Fremdbefruchter (Insektenbestäuber)
- **Pflanzenbedarf:** mind. 15 Wurzeln
- **Platzbedarf:** 1 bis 2 m²
- **Mindesabstand zu Sorten der gleichen Art:** 150 m
- **Hilfsmittel:** Stützen, Schnur

ANBAU

Die Kultur von Pastinaken entspricht der der Möhre. Auch die Pastinake hat eine langsame Keimung und Jugendentwicklung und muss gejätet und ausgedünnt werden (auf 5 bis 10 cm).
Die Aussaat erfolgt im April oder Mai.

VORSICHT!
Die Blätter der Pastinake sind phototoxisch: Sie enthalten ein ätherisches Öl, das besonders in Verbindung mit Sonne Blasen auf der Haut verursacht wie bei einem Sonnenbrand. Dies ist im zweiten Jahr bei den Samenträgern viel ausgeprägter als im ersten Jahr. Daher beim Jäten, Hochbinden und Ernten der Samenträger unbedingt Handschuhe und lange Ärmel tragen, auch die Beine sollten geschützt sein. Weniger gefährlich ist es an bedeckten Tagen.

SELEKTION UND ÜBERWINTERUNG

Pastinaken können im Freien überwintern, sie sind frosthart. Die schönsten, geraden, nicht aufgeplatzten Wurzeln mit glatter Schale werden bei der Herbsternte eingelagert wie Möhren. Da wir meist auch Pastinaken im Beet für die Frühjahrsernte stehen lassen, können wir Wurzeln aus beiden Beständen zusammen als Samenträger auspflanzen.
Achtung: Wie die Wilde Möhre, kann sich die Wilde Pastinake in die Kultursorten einkreuzen.
Bei Pastinaken sind die Blätter am Rübenkopf eingesenkt. Die Selektion auf geringe Tiefe ist vorteilhaft. Die Form der Wurzel kann lang und schmal oder breit und kurz sein, die Farbe weiß oder cremefarben.

SAMENREIFE UND -ERNTE

Man schneidet die einzelnen Dolden, wenn sich die großen flachen Samen braun verfärbt haben, aber noch nicht von alleine abgefallen sind. Völlig trocken lassen sie sich leicht abreiben. Die erste Dolde am Haupttrieb hat die besten Samen. Die Samen sind oft nur ein Jahr keimfähig.

01

02

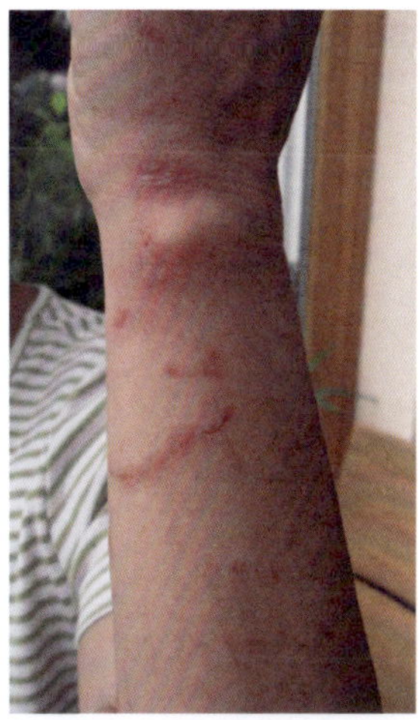

03

01 Pastinakenselektion: Im Vordergrund liegen die ausgewählten, künftigen Samenträger.

02 Samenreife Pastinake

03 Kurzer Kontakt mit Pastinakenblättern – einige Tage später sah mein Arm so aus.

SELLERIE

Selleriesorten werden je nach dem verzehrten Pflanzenteil unterschieden: Knollensellerie zur Nutzung der Knolle, Bleich- oder Stangensellerie zur Nutzung der zarten Stängel und als Blatt- oder Schnittsellerie zur ausschließlichen Verwendung der aromatischen Blätter.

Checkliste

- **Botanischer Name:** *Apium graveolens*
- **Vermehrung:** zweijährig
- **Befruchtung:** Fremdbefruchter (Insektenbestäuber)
- **Pflanzenbedarf:** mind. 15 Wurzeln
- **Platzbedarf:** 1 bis 2 m^2
- **Mindestabstand zu Sorten der gleichen Art:** 150 m
- **Hilfsmittel:** Stützen, Schnur

In Töpfen überwinterter gesunder Knollensellerie. Im Vordergrund links ist eine abgestorbene Pflanze.

Alle Sorten und Varietäten von Sellerie verkreuzen sich untereinander.

KNOLLENSELLERIE

Knollensellerie lässt sich in unserem Klima nur schwer vermehren. Im Lager und nach dem Auspflanzen kommt es zu großen Ausfällen und der Samenertrag ist durch das teilweise vorzeitige Absterben der Stängel während der Samenreife oft gering. Zum Einmieten sollte man den Pflanzen alle Wurzeln belassen, da durch Verletzungen Keime eindringen und somit die Knollen schneller faulen. In wintermilden, fast frostfreien Gegenden kann man Sellerie im Beet mit Vliesschutz überwintern. Hier gelingt die Vermehrung leichter. Eintopfen und frostfreies Überwintern von nicht zu großen Knollen ist eine weitere Möglichkeit.

STANGEN- UND SCHNITTSELLERIE

Bei Stangensellerie werden die zarten Stangen verzehrt. Schnittsellerie hat besonders aromatische Blätter, die schnell nachwachsen. Beide vertragen etwas mehr Frost als Knollensellerie. Eine Überwinterung im Freien mit Vliesschutz oder im Gewächshaus ist in milderen Wintern oder Gegenden möglich. Auspflanzen und Samenernte erfolgt wie bei Möhren.

WURZELPETERSILIE

Wurzelpetersilie ist nicht so weit verbreitet wie Blattpetersilie. Sie wurde auf größere, glatte Wurzeln selektiert und verkreuzt sich mit Blattpetersilie. Auch die Blätter der Wurzelpetersilie sind nutzbar, allerdings sind sie manchmal nicht ganz so zart und aromatisch wie die der Blattsorten.

Checkliste

- **Botanischer Name:** *Petroselinum crispum*
- **Vermehrung:** zweijährig
- **Befruchtung:** Fremdbefruchter (Insektenbestäuber)
- **Pflanzenbedarf:** mind. 15 Wurzeln
- **Platzbedarf:** 1 bis 2 m^2
- **Mindestabstand zu anderen Sorten:** 150 m
- **Hilfsmittel:** Stützen, Schnur

Blühende Pflanzen im ersten Jahr werden entfernt und die zur Vermehrung vorgesehenen Pflanzen nicht oder nur sehr wenig beerntet, damit sie genügend Reservestoffe in die Wurzeln einlagern können. Wurzelpetersilie ist beim Überwintern sehr gefährdet durch Kahlfröste, Nässe und Mäuse. Meist wird daher die Wurzel wie bei Möhren im Herbst geerntet und eingelagert. Weiteres Vorgehen wie bei Möhren.
Stützen ist nicht nötig. Die Samen sind reif, wenn sie sich von grün zu leicht braun verfärben. Dann werden die Dolden abgeschnitten, nachgetrocknet und durch Reiben von den Stängeln getrennt.
Entgegen der Art-Regel wurden schon Verkreuzungen zwischen Sellerie und Petersilie beobachtet.

SELBSTGEMACHTE SUPPENWÜRZE

Bei der Ernte von Wurzelgemüse fallen nach der Selektion der künftigen Samenträger jede Menge Wurzeln und Kräuter für die Küchennutzung an. Man kann die Wurzeln fein zerkleinern und mit Salz konservieren. So erhält man eine haltbare Grundlage und Würze für Suppen, Gemüse- und Fleischgerichte. Sehr lecker werden auch Salatsoßen mit einem Esslöffel Würze an Stelle von Salz.

Zutaten in etwa gleichen Anteilen (je nach Vorliebe und Verfügbarkeit): Möhren, Sellerie (Wurzeln und Blätter), Wurzelpetersilie mit Blättern, Pastinaken, Lauch, Zwiebeln. Kräuter wie Petersilie und Liebstöckel sowie etwas Thymian, Rosmarin und Salbei. Je nach Geschmack Knoblauch, Pfefferoni, Paprikaschoten, etwas Tomaten und Salz.

Zubereitung: Das Gemüse wird sauber geputzt und möglichst fein zerkleinert. Nach dem Zerkleinern wird genau gewogen. Auf jedes Kilogramm Gemüse gibt man 200 g Salz zu. Das Ganze wird vermischt und einige Zeit zum Saftziehen stehen gelassen. Das Salz löst sich auf und die Salzlake ist jetzt besser mit dem Gemüse mischbar. Dann in saubere Gläser mit Deckel fest einfüllen. Sogar ungekühlt mindestens bis zur nächsten Ernte haltbar.

Biene auf Zwiebelblüte – Zwiebeln werden von Insekten bestäubt.

Vermehrungsbestand: Die Zwiebeln haben mehrere Blütentriebe gebildet. Die Bambusstäbe dienen als Stütze.

KÜCHENZWIEBEL

Die Blütenstände der Küchenzwiebel und ihrer Verwandten sind wahre Insektenmagnete. Ihre imposanten Stängel mit dem kugeligen Blütenstand sind fast ebenso dekorativ wie die der beliebten Zierlauchformen.

Checkliste

- **Botanischer Name:** *Allium cepa*
- **Vermehrung:** zweijährig, bei Kultur über Steckzwiebeln dreijährig
- **Befruchtung:** strenge Fremdbefruchter (Insektenbestäuber)
- **Pflanzenbedarf:** mind. 15 Pflanzen
- **Platzbedarf:** 1 bis 2 m^2
- **Mindestabstand zu anderen Sorten:** 150 m
- **Hilfsmittel:** Stützstäbe

ANBAU

Wer bei der Küchenzwiebel die einjährige Kultur aus Samen bis zur Erntereife beherrscht, hat die größte Hürde schon genommen. Ausgesät wird möglichst früh im März oder April mit einem Reihenabstand von 30 cm. In der Reihe ist auf 4 bis 5 cm zu vereinzeln. Als Dunkelkeimer werden die Samen mit 1 bis 2 cm Erde bedeckt. Da sie langsam keimen und anfangs sehr zart sind, lassen sich direkt gesäte Zwiebeln nur schwer unkrautfrei halten. Besser ist daher ein Vorziehen in Lochplatten ab Anfang März zu je fünf bis sechs Samen. Beim Auspflanzen Mitte bis Ende April

Nicht lagerfähige Zwiebeln können in Töpfen hell überwintern.

sollten die Pflänzchen eines Horstes nicht auseinandergerissen werden. Sie werden zu je fünf bis sechs Pflänzchen im Abstand von 20 cm ausgepflanzt. Die wachsenden Zwiebeln drücken sich auseinander. Gemüsezwiebeln sollen bis zum Herbst sehr große Zwiebeln bilden. Daher werden sie schon ab Februar in Lochplatten zu je ein bis zwei Samen vorgezogen.
Zwiebeln werden nur vorsichtig gedüngt, keinesfalls mit frischem Mist oder unreifem Kompost. Bei Trockenheit sollte bewässert werden. Zwiebeln haben empfindliches Laub, das beim Jäten nicht beschädigt werden sollte. Umgeknickte Blätter bilden eine Eintrittspforte für die Erreger von Mehltau und Grauschimmel.

ERNTE UND LAGERUNG

Der Erntezeitpunkt ist gekommen, wenn das Laub von alleine umgeknickt und weitgehend eingezogen ist. Nach der Ernte werden die Zwiebeln mehrere Wochen gut an einem luftigen Ort getrocknet und genauso gelagert wie für Speisezwecke üblich. Eine trockene Lagerung ist wichtig: Eine trockene Garage oder ein trockener Dachboden ist besser geeignet als ein feuchter Keller. Wir lagern einige Zwiebeln mehr ein, da es über Winter auch zu Ausfällen kommen kann. Etwas Frost schadet nicht, solange die Zwiebeln nicht in gefrorenem Zustand angefasst oder bewegt werden. Schlecht lagerbare Zwiebeln, die schon vor dem Frühjahr austreiben, sind für die Vermehrung meistens kein Problem, sie wachsen auch in angetriebenem Zustand im Frühling weiter. Von solchen Sorten sollte man mehr einlagern und dann diejenigen mit dem spätesten Austrieb zur Vermehrung verwenden.
Schwierig zu überwintern sind Gemüsezwiebeln, die als nicht lange lagerbar gelten. Wer es versuchen möchte, sollte schon während des Wachstums auf geringe Stickstoffdüngung und rechtzeitige Reduktion der Bewässerung achten. Mit Ausfällen ist zu rechnen und entsprechend sind mehr Zwiebeln einzulagern: so kühl und trocken wie möglich, nicht dicht nebeneinander. Faulige Zwiebeln müssen immer wieder entfernt werden.

KÜCHENTIPP

Nach der Samenernte, beim Abräumen der alten Stängel, haben sich um diese herum neue Zwiebeln gebildet. Die können selbstverständlich in der Küche verwertet werden. Man hat lediglich etwas mehr Abfall um den alten Stängel herum. Da dieser auch das Faulen begünstigt, verwende ich diese Zwiebeln als Erstes. Gut getrocknet gelingt aber auch die Überwinterung. So kann man Zwiebeln mehrjährig erhalten und hat im Folgejahr gleich wieder eine Samenernte.

STECKZWIEBELN

Bei der Säzwiebel-Kultur im Garten gibt es immer auch Exemplare, die zu klein sind für die Küche. Diese stecke ich als Steckzwiebeln im Folgejahr. Man kann sie früh als Frühlingszwiebel nutzen oder bis zur Zwiebelreife wachsen lassen. Einen entstehenden Blütenstiel entferne ich. So bildet sich um diesen herum eine neue, meist recht große Zwiebel aus. Diese verbrauche ich, bevor die gesäten Zwiebeln erntereif sind.

SELEKTION

Dem Sortentyp entsprechend ist auf Form, Schalenfarbe, Schalendicke, feinen Zwiebelboden und dünne Hälse zu selektieren. Schon beim Wachsen achten wir auf eine geringe Anfälligkeit für Mehltaubefall und Zwiebelrost. Beim Geschmack spielen Süße, Schärfe und Aroma eine Rolle. Eingelagert werden nur gesunde Zwiebeln mit gut anliegender Schale.

KULTUR IM ZWEITEN JAHR

Um auf gute und lange Lagereignung zu selektieren, werden diejenigen Zwiebeln als Samenträger ausgepflanzt, die im Frühjahr am wenigsten ausgetrieben sind. Im März bis April ist es Zeit zum Auspflanzen. Da die Zwiebeln am ehesten warten können, ist es bei uns zeitlich meist so, dass wir zuerst alle anderen Samenträger auspflanzen und die Zwiebeln als Letztes in die Erde kommen. Dabei werden die Zwiebeln bis etwas über die Spitze, im Abstand von 15 cm und in einem Reihenabstand von 40 cm, senkrecht in den Boden gesteckt. Schon ausgetriebene Blätter lassen wir über den Boden herausschauen. Aus jeder Zwiebel treiben zunächst Blätter und später ein bis mehrere Blütenstände mit über 1 m Höhe. Diese sollten gestützt werden. Besonders zur Reife werden die Blütenstände schwer und knicken ab.

SAMENREIFE UND -ERNTE

Die Samenreife erfolgt im August oder September. Die Samenstände sind dreifächerige Kapseln mit eckigen Samen, die in winzigen Hüllen eingeschlossen sind. Man erntet die Samenstände, sobald die Hüllen braun werden und bei den ersten Samenständen die schwarzen Samen im oberen Bereich der Kugel sichtbar werden. Vorsichtig einzeln mit der Schere abschneiden und gleich in einen daneben stehenden Eimer geben. Die Samen fallen leicht aus. Gut unter Dach nachtrocknen. Die besten Samen fallen dabei von alleine aus. Mit Reiben und anschließendem Sieben lassen sich die restlichen Samen gewinnen. Blütenköpfchen, die dabei geschlossen bleiben, haben wertlose Samen. Das Abtrennen von tauben Samen kann trocken durch den Wind erfolgen oder man schüttet die Samen in einen

Getrocknete Zwiebelblüte: Die Samen fallen durch leichtes Schütteln heraus.

Eimer Wasser. Die guten Samen sinken nach unten, die tauben bleiben oben und können mit dem Wasser vorsichtig abgeschüttet werden. Gut nachtrocknen.

Insektenmagnete: blühende Schnittlauchpflanzen im Mai

WEITERE *ALLIUM*-ARTEN

Lauch (*Allium ampeloprasum,* syn. *Allium porrum):* Die Winterlauchsorten können im Freien überwintern und an Ort und Stelle abblühen. Sommerlauchsorten brauchen Winterschutz, in milden Gegenden können sie mit einer Vliesüberdeckung im Freien überwintern. In kälteren Klimaten werden sie ausgegraben und frostfrei eingeschlagen. Eine Verkreuzung mit wilden Allium-ampeloprasum-Pflanzen ist möglich.
Schnittlauch *(Allium schoenoprasum)* wird im Freien überwintert. Man kann ihn mehrjährig abblühen lassen und Samen gewinnen.
Die Winterheckenzwiebel *(Allium fistulosum)* lässt sich ebenfalls mehrjährig nutzen, sowohl in der Küche als auch zur Samenernte.

Frühlings-/Lauchzwiebeln können sowohl der Art *Allium cepa* wie auch *Allium fistulosum* angehören. Die meisten Lauchzwiebelsorten der Art *Allium fistulosum* stammen aus Japan und sind weniger winterhart als unsere heimische Winterheckenzwiebel.

KEINE SAMEN

Es gibt auch viele Zwiebelgewächse, die rein vegetativ vermehrt werden. Dazu gehören Knoblauch, Etagenzwiebeln, Schalotten und echte Perlzwiebeln.

Zwiebelbestand mit samenreifen Zwiebelpflanzen. Um sie vor dem Umknicken zu schützen, wurden sie an Stäben angebunden.

Vermehrungsbestand von Lauch. Bändchengewebe schützt vor Unkraut.

RETTICH UND RADIESCHEN

Gartenbesucher staunen immer wieder, welch imposanter Samenstand mit unzähligen Schoten sich aus so einem kleinen Radieschen entwickelt. Radieschen und Mairettiche sind auch für Anfänger geeignet, für Sommer-, Herbst- und Winterrettiche braucht es etwas Erfahrung.

Checkliste

- **Botanischer Name:** *Raphanus sativus*
- **Vermehrung:** einjährig (Radieschen, Mairettiche), zweijährig (Sommer-, Herbst-, Winterrettiche)
- **Befruchtung:** strenge Fremdbefruchter (Insektenbestäuber)
- **Pflanzenbedarf:** mind. 15 bis 20 Pflanzen, ausgesucht aus einem größeren Bestand
- **Platzbedarf:** 1 bis 2 m^2
- **Mindestabstand zu anderen Sorten:** 150 m, Vorsicht vor überwinterter Gründüngung mit Ölrettich
- **Hilfsmittel:** Stützstäbe

AUSSAAT

RADIESCHEN UND MAIRETTICHE

Um die Samenreife in den warmen Sommermonaten zu erreichen, sät man Radieschen und besonders auch Frühlingsrettiche so zeitig wie möglich aus. Die Aussaat erfolgt in Reihen mit 20 bis 30 cm Abstand. In der Reihe ist frühzeitig zu vereinzeln, damit sich die Wurzeln zur sortentypischen Form und Größe entwickeln können. Lieber ein paar Reihen mehr aussäen, um genügend Pflanzen für die Selektion zu erhalten! Die weniger schönen Wurzeln finden in der Küche Verwendung.

SOMMERRETTICHE

Da Sommerrettichen im üblichen Lager leicht faulen, sollten sie zum Vermehren recht spät, erst im September, gesät werden. Bei der Ernte im Spätherbst werden sie in Töpfe eingepflanzt und frostfrei überwintert. Das Auspflanzen erfolgt im Frühjahr, im Abstand von 30 x 40 cm – gut angießen. Alternativ kann man sie auch im Topf abblühen lassen.

HERBST- UND WINTERRETTICHE

Herbst- und Winterrettiche werden Ende Juli bis Anfang September, wie für die Küchennutzung üblich, gesät. Im Spätherbst werden die erntereifen Wurzeln ausgegraben, selektiert und frostfrei eingelagert. Das gelingt recht gut, da sie für eine Lagerung gezüchtet sind und ein recht festes Fleisch haben. Im zeitigen Frühjahr kann man sie wieder in größerem Abstand (30 x 40 cm) auspflanzen.

WURZELERNTE UND SELEKTION

Hat die Wurzel die normale Erntegröße erreicht, wird der gesamte Bestand vorsichtig mit Wurzeln und Blättern geerntet und zur Selektion in Reihen nebeneinandergelegt. Daraus kann man die schönsten Pflanzen, mit gewünschter Form und Farbe, fein abgesetzter Wurzel und natürlich

Ausgepflanzte Rettiche bei Blühbeginn

Selektion von Daikon-Sommerrettichen nach Überwinterung

Abstreifen der Schoten, danach erfolgt Austreten der Schoten.

mit gesundem Laub für die Vermehrung auswählen. Geplatzte, beinige, unförmige Radieschen bzw. Rettiche oder vorzeitig geschossene Exemplare eignen sich nicht. Sie wandern in die Küche.

AUSPFLANZUNG UND PFLEGE

Die ausgewählten Radieschen/Rettiche werden am besten auf einem anderen vorbereiteten Beet wieder eingepflanzt, und zwar etwas tiefer, bis zu den Blättern, im Abstand von 20 x 30 cm. Nach dem Pflanzen wird gründlich angegossen.
Die nächsten Tage sehen die verpflanzten Exemplare nicht sehr vielversprechend aus. Trotz reichlichem Gießen verlieren sie oft alle Blätter. Aber keine Sorge. Die Wurzelknolle hat genügend Reservestoffe gespeichert.
Bald erscheinen wieder neue Blätter und einige Wochen später der Blütentrieb. Dieser wird sehr hoch, weit über 1 m und, da reich verzweigt, auch recht schwer. Er sollte durch einen Stab am Umfallen gehindert werden.

SAMENERNTE UND REINIGUNG

Die Blüte und damit auch die Samenreife erstrecken sich über einen längeren Zeitraum. Vorsicht: Vögel könnten die reifenden Schoten entdecken und erheblichen Schaden anrichten. Abhilfe schafft eine Überdeckung mit einem Vogelschutznetz. Die Samen sind reif, wenn die Schoten braun und die Samen im Inneren rötlich gefärbt sind.
Da die Schoten nicht aufplatzen, können wir bei trockenem Wetter mit der Ernte warten, bis weitgehend alle Schoten braun sind. Droht länger feuchtes Wetter, sollte man nur die braunen Schoten ernten oder den ganzen Blütentrieb abschneiden und unter Dach nachtrocknen.
Das Ausdreschen der recht zähen Schötchen ist nicht ganz einfach. Zu heftiges Schlagen kann die Körner beschädigen. Ich trete sie mit den Füßen auf einer nicht zu harten Unterlage, bis die Schötchen geplatzt sind, oft in mehreren Durchgängen. Zwischendurch lassen sich die Körner durch Sieben und Worfeln von den Hülsen trennen. Ein Tipp von Arche Noah: Vor dem Dreschen kurz tiefkühlen, dann werden die Schoten mürbe.

Beginnende Kohlblüte

Reifende Schötchen von Kohl

Kohlsamen vor der Reinigung

KOPFKOHLE, KOHLRABI UND GRÜNKOHL

Kohlarten sind das wichtigsten Gemüse im Garten und in unserer Ernährung. Weißkohl, Rotkohl, Wirsing, Kohlrabi, Rosenkohl, Grünkohl, Blumenkohl und Brokkoli gehören alle der gleichen Art an und verkreuzen sich alle untereinander.

Checkliste

- **Botanischer Name:** *Brassica oleracea*
- **Vermehrung:** zweijährig, Brokkoli und Blumenkohl einjährig
- **Befruchtung:** strenge Fremdbefruchter (Insektenbestäuber)
- **Pflanzenbedarf:** mind. 10 bis 15 Pflanzen für Eigenbedarf, für sicheren Sortenerhalt 60 bis 100 Pflanzen
- **Platzbedarf:** mind. 5 m^2 für 10 bis 15 Pflanzen
- **Mindestabstand zu anderen Kohlarten:** 150 m im gut strukturierten Garten
- **Hilfsmittel:** Stützstäbe für jede Pflanze

Es ist faszinierend, welche Vielfalt an Kohlgemüsen durch menschliche Selektion aus der Wildform herausgezüchtet wurde. Jeder denkbare Pflanzenteil wurde für die menschliche Nutzung vergrößert. Bei Strunkkohl und Kohlrabi essen wir den verdickten Strunk. Bei Kopfkohl (z. B. Weißkohl) sind die Blätter zu einem festen Kopf geschichtet, Blattkohle (z. B. Grünkohl) haben viele Blätter, Rosenkohl wiederum ist aus einer Kreuzung aus beiden entstanden. Bei Blumenkohl und Brokkoli wurde der Blütenstand für die Nutzung stark gestaucht und vergrößert. Strunkkohl ist der Vorläufer des Kohlrabi. Sein Stängel ist verdickt, bildet aber keine schöne Knolle.

ANBAU

Die Kopfkohlsorten Weißkohl, Rotkohl und Wirsing werden zweijährig vermehrt und müssen als fertige Köpfe fast frostfrei überwintert werden. Dauerwirsing ist weitgehend frostfest. Dazu dürfen die Köpfe nicht überständig sein, auf keinen Fall schon aufgeplatzt. Frühsorten müssen entsprechend später ausgesät werden. Genaue Angaben sind schwer zu machen. Man braucht Erfahrung im Kohlanbau und mit der zu vermehrenden Sorte.

SELEKTION

Da bei frei abblühenden Kohlsorten häufig eine gewisse Streuung in der Kopfbildung und im Wachstum vorliegt, sollten die Samenträger aus einem größeren Bestand ausgewählt werden können. So große Bestände und die Schwierigkeit der Überwinterung wird für die Kopfkohlvermehrung in den meisten Fällen eine Zusammenarbeit mehrerer Gärten erforderlich machen. Vielleicht kann man eine Solawi (Solidarische Landwirtschaft) oder einen Bio-Bauern dafür gewinnen, einen samenfesten Kohl anzubauen. Hier könnte man die schönsten Köpfe vor der eigentlichen Ernte markieren, als Kopf oder nur als Strunk überwintern und später zur Vermehrung in den Hausgarten umpflanzen. Die Überwinterung von Strünken ist viel einfacher und platzsparender als die Überwinterung von Köpfen. Allerdings ist auch der Samenertrag geringer. Es ist unbedingt darauf zu achten, die Köpfe relativ weit oben abzuschneiden. Ein zu tiefer Ernteschnitt kann dazu führen, dass die Pflanze im nächsten Jahr nur wieder Köpfe ausbildet (dann gleich mehrere) und nicht in Blüte geht.

SELBSTUNVERTRÄGLICHKEIT

Kohlblüten haben bei der Bestäubung eine ausgeprägte Selbstunverträglichkeit. Zudem gibt es in der Genetik mehrere die Blüte betreffende Varianten, zwischen denen teilweise eine Unverträglichkeit besteht. Bei zu wenigen Pflanzen können daher keine zusammenpassenden Varianten mehr vorhanden sein und die gebildeten Schötchen bleiben samenlos. Dies wurde mehrfach erst nach mehr als vier Vermehrungszyklen beobachtet und hat schon zum Verlust von Sorten geführt.

Spitzkohl nach dem Ernteschnitt. Die Schnittfläche wurde mit Holzasche desinfiziert. Jetzt ist er bereit für die Überwinterung.

Spitzkohlkopf beim Schieben des Blütentriebs

01 Die Vorbereitung von überwinterten Weißkohlköpfen (Sorte mit kleinen Köpfen) für das Auspflanzen …

02 …beginnt mit dem Putzen. Die Köpfe werden vorsichtig aufgeschnitten.

03 Aufgeschnittener Kopf

04 Die aufgeschnittenen Köpfe kann man auspflanzen.

05 Der kräftige Austrieb der neu eingepflanzten Kohlköpfe lässt eine gute Entwicklung erwarten.

Bei Kohlsorten, die im Freien überwintern, wie Rosenkohl, Winterwirsing, Grünkohl und ähnlichen Blattkohlen (z. B. Braunkohl, Sibirischer Kohl) ist eine Vermehrung im Hausgarten eher möglich. Günstig ist es aber auch hier, die gewählte Sorte gemeinsam mit anderen Gärtnern zu vermehren. Die Samenträger können dann entweder gemeinsam abblühen, wobei das Umpflanzen im Frühjahr die Pflanzen sehr beeinträchtigt, oder in mehreren Gärten getrennt. Vor der nächsten Vermehrung werden die einzelnen Saatgutpartien gemischt.

KRANKHEITEN UND SCHÄDLINGE

Eine weitere Problematik beim Anbau und erst recht bei der Vermehrung von Kohl ist die Anfälligkeit für eine Vielzahl von Krankheiten und Schädlingen (siehe S. 41 ff.). Schon im ersten Jahr ist Kohl vielen Schädlingen und Krankheiten ausgesetzt. Eine weite Fruchtfolge (mindestens vier Jahre), Mischkultur mit Salat oder Sellerie und ausgewogene Düngung sind unverzichtbar.
In Gegenden mit Rapsanbau sind dessen Schädlinge zu Massenschädlingen geworden. Raps blüht und reift etwas früher als Kohl. Seine Schädlinge wandern anschließend auf unsere Samenträger ab. Dadurch wird der große Samenansatz unserer Kohl-Samenträger oft erheblich reduziert. Wer in einer Gegend ohne Rapsanbau lebt, hat es mit der Kohlvermehrung wesentlich einfacher.

INSEKTEN

Kohltriebrüssler, Kohlschotenrüssler und Kohlschotenmücke kann man biologisch kaum bekämpfen. Der Rapsglanzkäfer schädigt besonders vor der Blüte. Er beißt die Blüten auf, um an den Pollen zu gelangen. Meist gibt es aber genügend Blütenansatz und die Kohlpflanzen bilden, bei ausbleibender Befruchtung, laufend neue Blüten. Bei regelmäßigem Massenvorkommen kann man die Kohlsamenträger bis zur Vollblüte mit einem Insektenschutznetz bedecken.
Eine Vermehrung durch Einnetzen bis zur Ernte erfordert den Einsatz bestäubender Insekten (Fliegenmaden aus dem Zoohandel), bringt aber oft nicht den erhofften Erfolg. Grund ist die geringere Luftzirkulation und damit höhere Temperatur unter dem Netz. Dies führt zu einer starken Vermehrung der Mehligen Kohlblattlaus und diese muss rasch bekämpft werden. Biologische Mittel sind Spruzit®, Ölpräparate und Neem Azal®. Unter den Netzen ist auch das Aussetzen von Schlupfwespen zur Parasitierung der Läuse erfolgversprechend. Auch ohne Netzabdeckung muss man die Samenträger in der Blüte und Reife regelmäßig auf die Mehlige Kohlblattlaus kontrollieren. Aus einem kleinen Läuseherd kann in wenigen Tagen ein Massenbefall werden, der die Kohlschoten völlig aussaugt.

PILZE UND BAKTERIEN

Einige Krankheiten wie Wurzelhals- und Stängelfäule, auch Umfallkrankheit genannt *(Phoma lingam),* Kohlschwärze oder Blattfleckenkrankheit *(Alternaria),* Adernschwärze *(Xanthomonas)* und einige andere sind samenbürtig. Daher wird eine Heißwasserbeize empfohlen (siehe S. 56).

GUTER EINSTIEG: DIE VERMEHRUNG VON KOHLRABI

Kohlrabi ist etwas einfacher zu vermehren, da die Pflanzen nicht so viel Platz im Beet und bei der Überwinterung benötigen und im Winterquartier nicht so leicht faulen. Zum Vermehren säen wir Kohlrabi so spät

Blauer Kohlrabi 'Azur Star' in Blüte

Überwinterte Kohlrabipflanzen

wie möglich aus. Der September passt meist noch für schnellwachsende Sorten. Die Knollen sollen bis zum Herbst nicht überständig werden. Für die Überwinterung wird in Töpfe umgepflanzt, einzeln oder gleich mehrere Pflanzen in entsprechend größeren Töpfen zusammen. Diese werden an einem kühlen, fast frostfreien Ort überwintert. Auch eine Garage, ein Keller, eine Scheune oder ein gut abgedecktes Frühbeet ist geeignet. Dabei unbedingt auf Mäusefreiheit achten! Gelegentlich überprüfen wir den Zustand der Kohlrabiknollen auf Fäulnis. Das Substrat sollte leicht feucht sein. Abgestorbene Blätter sind zu entfernen, bevor sie zu faulen beginnen. Hat man etwas übersehen: Kranke Pflanzen sofort ganz entfernen. Kleine Fäulnisherde, die nicht das Herz betreffen, ausschneiden und mit Holzasche oder Holzkohle desinfizieren.
Bei einer noch späteren Aussaat in einem ungeheizte Folienhaus wachsen Kohlrabipflanzen über Winter langsam weiter und haben bis zum Frühjahr zumindest kleine Knollen gebildet, die ein Selektieren vor Blühbeginn erlauben.
Der zart bleibende Riesenkohlrabi wird etwa im Juni ausgesät, im Herbst selektiert und mit Wurzeln in Keller, Garage oder Scheune eingelagert. Meist überstehen die Pflanzen den Winter durch ihre großen Reserven ganz gut. Um das Austrocknen der Wurzeln zu vermeiden, kann man die Wurzeln in Folie einpacken oder in einer Kiste mit etwas Erde, Sand oder Substrat einschlagen und leicht feucht halten.
Alle Samenträger werden so früh im Frühjahr wie möglich und mit größerem Abstand (60 x 60 cm) bis zur Knolle oder zum Kopf eingepflanzt und müssen gut feucht gehalten werden, damit sich rasch neue Wurzeln bilden. Die Blütentriebe jedes Samenträgers werden an einem Stab gut festgebunden.
Die Samenträger blühen lange, werden rege von Insekten besucht und bilden eine große Menge Schoten aus. Die Schoten am Haupttrieb bilden die besten Samen.

SELEKTION

Neben der sortentypischen Größe, Form und Farbe der Knollen ist auf schnelles Wachstum oder lange zart bleibende Knollen, Gesundheit und kein vorzeitiges Schießen zu achten.

SAMENERNTE UND -AUFBEREITUNG

Die Schoten platzen bei der Reife leicht auf. Daher muss ein geeigneter Erntetermin gefunden werden. Eine Teilernte ist schwierig. Die Samen sind reif genug, wenn sie in den Schoten braun und fest sind. Dann werden die Samenstände abgeschnitten und an einem schattigen Ort zum Nachreifen ausgelegt oder in einen Sack gesteckt und trocken und luftig aufgehängt. Sie sollen nicht allzu schnell trocknen, sondern etwas Zeit zum Nachreifen haben.

Das Ausdreschen der trockenen Samenstände ist relativ einfach, da die Schoten leicht platzen und die Samen freigeben: Wir schlagen mit einem Stock auf die Samenstände im Sack, treten sie mit den Füßen in einem großen Kübel oder reiben (bei kleinen Mengen) die Schoten zwischen den Händen. Oft braucht man dazu mehrere Durchgänge und siebt dazwischen mit einem geeigneten Sieb die Samen ab. Das Reinigen erfolgt am besten mit Sieben und mithilfe von Wind.

SONDERFALL: EINJÄHRIGE VERMEHRUNG BEI BROKKOLI (UND BLUMENKOHL)

Brokkoli zur Vermehrung wird so früh wie möglich (je nach Lage im Haus mit Kunstlicht) ausgesät. Nach Möglichkeit pflanzt man bereits im März/April ordentliche Jungpflanzen mit Vliesschutz aus. Aus der Blume und den Seitentrieben entwickeln sich schnell Blüten. Brokkoli lässt sich aber mit dem Reifen Zeit. Für eine Samenreife im Herbst sollte Brokkoli im Juli blühen. Eine Stütze des Blütentriebs ist nicht immer nötig, manche Sorten sind recht kompakt.

Blumenkohl ist die hohe Schule der Vermehrung. In meiner Höhenlage von 400 m ist mir dies bisher nicht gelungen – der Sommer ist einfach zu kurz für die Samenreife. Bei Blumenkohl ist die Blume botanisch gesehen eine embryonale Blütenanlage. Die Blume wird nicht geerntet. Sie treibt dann nach einiger Zeit an den Rändern richtige Blüten. Sie neigt allerdings sehr zum Faulen.

Bei der Selektion achtet man auf Gesundheit, zügiges Wachstum, Größe, Form, Farbe, Geschmack und Qualität der Blume (siehe S. 24 ff.).

Brokkoli in voller Blüte

Chinakohl – ein wichtiges Wintergemüse

RÜBCHEN UND CO.

Zur Art *Brassica rapa* gehören die hier schon länger heimischen Weißen Rübchen oder Herbstrüben, der als Ölfrucht angebaute Rübsen mit seiner Speisevariante Brokkoletto sowie die aus Asien stammenden Arten Chinakohl und Pak Choi.

Checkliste

- **Botanischer Name:** *Brassica rapa*
- **Vermehrung:** einjährig, evtl. überwinternd
- **Befruchtung:** strenge Fremdbefruchter (Insektenbestäuber)
- **Pflanzenbedarf:** mind. 10 bis 15 Pflanzen
- **Platzbedarf:** ab 1 m^2
- **Mindestabstand zu anderen Pflanzen der gleichen Art:** 150 m im gut strukturierten Garten
- **Hilfsmittel:** Stützstäbe und Schnur

ANBAU

Eine Aussaat im Frühjahr sollte so früh wie möglich erfolgen. Chinakohl und Pak Choi werden im Warmen vorgezogen und im März/April ausgepflanzt (Vliesschutz). Rübchen und Brokkoletto werden früh direkt ins Beet gesät. Die Blüte wird durch die zunehmende Tageslänge induziert. Sie beginnt spätestens Ende Mai.

Eine zweijährige Vermehrung, bei der fertige Köpfe von Chinakohl oder Pak Choi überwintert werden, wäre für eine gute Selektion zwar wünschenswert, gelingt in unserem Klima leider nicht. Auch bei den

Speiserübe

Mairübe 'Tokyo Top'

Rübchen gelingt es nur bei festfleischigen Herbstsorten und in Gegenden mit geringer Luftfeuchtigkeit im Winter. In einem ungeheizten Folienhaus kann man lediglich Jungpflanzen fast aller Vertreter dieser Art recht gut überwintern. Sie entwickeln sich über den Winter ganz langsam weiter und man kann im Frühjahr (März/April) die schönsten, gut entwickelten Pflanzen auspflanzen. Dadurch kommen sie schneller zur Blüte und Samenreife und wachsen den Schädlingen im besten Fall davon.

KRANKHEITEN UND SCHÄDLINGE

Große Probleme bereitet der Erdfloh (siehe S. 42). Bei starkem Befall werden die kleinen Pflänzchen regelrecht aufgefressen. Der große Vorteil der Überwinterung von Jungpflanzen liegt im ausbleibenden Befall, da sich der Erdfloh im Spätsommer in sein Winterquartier zurückzieht. Im Frühjahr werden die bis dahin schon recht großen Pflanzen nicht mehr so stark geschädigt. Chinakohl mit seinen zarten Blättern ist die am stärksten befallene Art. Eine weite Fruchtfolge von mindestens vier Jahren zu allen Kreuzblütlern sollte bei Chinkohl unbedingt eingehalten werden. Eine Mischkultur mit Salaten, häufiges Lockern der Erde um die Pflanzen und genügend Feuchtigkeit mindern den Erdflohbefall im Frühjahr.
Auch die Samenstände werden von vielen Schädlingen attackiert, sodass oft wenig bis gar kein gutes Saatgut gewonnen werden kann. Eine direkte Bekämpfung mit biologischen Maßnahmen ist kaum möglich.

SAMENERNTE UND -AUFBEREITUNG

Die beiden Arbeitsvorgänge entsprechen denen bei Kohlrabi (siehe S. 117).

ROTE BETE UND MANGOLD

Aus der an den Küsten Europas heimischen Wildbete (*Beta vulgaris* ssp. *maritima*) ist in einer langen Züchtungsgeschichte eine Vielfalt an Nutzpflanzen entstanden. Zu ihr gehören neben Mangold und Roter Bete auch die in großem Umfang landwirtschaftlich angebauten Zuckerrüben und die heute weniger wichtigen Futterrüben.

Checkliste

- **Botanischer Name:** *Beta vulgaris*
- **Vermehrung:** zweijährig
- **Befruchtung:** Fremdbefruchter (Windbestäuber)
- **Pflanzenbedarf:** mind. 10 Pflanzen als Samenträger
- **Platzbedarf:** mind. 2 m^2
- **Mindestabstand zu anderen Sorten der gleichen Art:** 300 m im gut strukturierten Garten
- **Hilfsmittel:** vier Pflöcke, Schnur

Da der feine Pollen der Gänsefußgewächse mit dem Wind kilometerweit übertragen werden kann, muss der Vermehrungsstandort sorgfältig geprüft werden. Der gleichzeitige Anbau einer Mangold-Sorte und einer Rote-Bete-Sorte im Garten ist nicht möglich. In der Nähe von Zucker- und Futterrübenfeldern besteht eine Einkreuzungsgefahr durch einzelne Schosser im ersten Jahr, da der Pollen durch den Wind bis in weit entferne Gärten verfrachtet wird.

ANBAU

Pflanzen, die für die Vermehrung vorgesehen sind, werden erst im Juni gesät:

- Anfang Juni: langsam wachsende Sorten, zum Beispiel solche mit langer Wurzel, sowie gelbe Sorten
- Mitte bis Ende Juni: Sorten mit schnellerer Entwicklung

Das Saatgut ist überwiegend Knäuelsaatgut, d.h. mehrere Samenkörner sind fest miteinander verwachsen. So können aus einem Samenkorn mehrere Pflanzen wachsen. Um eine gute Selektion zu ermöglichen, müssen die einzelnen Pflanzen genügend Platz für eine sortentypische Entwicklung haben. Die beim Ausdünnen entfernten Pflänzchen können umgepflanzt werden oder in der Küche als Salatzutat verwendet werden. In sehr milden Gegenden können die Pflanzen im Freien überwintern. Hier liegt der geeignete Aussaatzeitpunkt im August oder September. In allen anderen Gebieten werden die Rüben im Herbst geerntet und daraus wählt man mindestens zehn sortentypische, gesunde Rüben mit geringem Wurzelansatz.

Üppige Samenstände bei Beten

Überwinterte Rote Bete

Samengewinnung bei Bete: Abstreifen der trockenen Samenknäuel

ÜBERWINTERUNG

Rote Bete werden in Kisten in Sägespänen-Kokossubstrat eingelagert (siehe S. 34) und frostfrei überwintert. Wenn keine starken Fröste mehr zu erwarten sind, werden die Rüben ausgelagert, faulende Exemplare aussortiert und langsam wieder an Licht gewöhnt. Da die Samenstände sehr üppig werden, pflanzt man die Rüben im Abstand von 50 x 50 cm bis zum Blattansatz ein. Manche Sorten bilden sehr schlecht neue Wurzeln. Gutes Angießen und Feuchthalten ist wichtig. Besonders die etwas heiklen Gelben Bete topfen wir gerne im Herbst ein und überwintern sie im Gewächshaus. Eine dunkle Überwinterung ist jedoch auch möglich.

Bei **Mangold** gelingt die Überwinterung im Freien mit Vliesschutz in milden Wintern häufiger. Dies ist jedoch in unserer Höhenlage unsicher. Daher pflanzen wir zur Sicherheit trotzdem einige Pflanzen möglichst spät, im November, in ein beheizbares Gewächshaus um, entweder direkt in den Boden oder in Töpfen. Pflanzen in Töpfen kann man im Frühjahr schon früh bei milden Temperaturen ins Freie stellen, damit sie sich nicht zu schnell entwickeln. Auspflanzen sollte man sie aber erst, wenn keine starken Fröste mehr zu erwarten sind. Falls auch im Freien Pflanzen überwintert haben, kann man die eingewinterten wieder in die Nähe dazupflanzen und alle zusammen abblühen lassen.

Blütentrieb einer Mangoldpflanze

Samenstand von buntem Mangold

SELEKTION

Sowohl bei Rüben wie bei Mangold ist auf gesunde Blätter zu achten, damit keine Pflanzen mit *Cercospora*-Blattflecken (samenübertragbarer Pilz) vermehrt werden. Bei den **Beten** wird auf die äußere Größe, Rübenform und Festigkeit geachtet. Rüben sollen glatt sein und wenig Nebenwurzeln bilden. Zum Überprüfen der inneren Eigenschaften wie Farbe und Geschmack wird ein Spalt aus der Rübe herausgeschnitten und die Wunde mit Holzasche oder -kohle desinfiziert.
Bei **Mangold** wird auf die typische, aufrechte Wuchsform ausgelesen, aber auch auf ein schnelles Nachwachsen gesunder Blätter sowie die sortentypische Blattform und -farbe. Auf Konsistenz und Geschmack der Blätter, Farbe und Breite der Stiele und wenig Bitterkeit sollte geachtet werden. Bereits im ersten Jahr werden alle sortenuntypischen und kranken Pflanzen entfernt.

SAMENREIFE UND -ERNTE

Die zehn mindestens notwendigen Samenträger ergeben zwar in guten Jahren viel mehr Saatgut, als benötigt wird, sind aber wegen der Bestäubungsbiologie nötig, um Inzuchtdepression zu vermeiden.

Die üppigen Samenstände benötigen eine Stütze. Dazu werden vier Holzpfosten in den Ecken eingeschlagen und mit reichlich Schnur zieht man kreuzweise ein Stütznetz. Liegen die Samenstände auf dem Boden auf, bildet sich leicht Fäulnis und Mäuse können sich einnisten.
Die Samenstände blühen über einen längeren Zeitraum. Während im unteren Teil die Samen reifen, blüht der obere Teil des Blütenstandes noch weiter. Da die Samen in der Reife nicht ausfallen, kann man abwarten, bis mindestens die Hälfte der Samen eines Stängels braun geworden sind. Die Stängel lässt man an einem warmen Ort nachreifen und trocknen. Dann kann man die Samen von Hand abstreifen oder im Sack ausdreschen. Durch Sieben werden Staub und sehr kleine Samen entfernt.

ZU VIELE JUNGPFLANZEN?

Bei der Ernte fallen erhebliche Mengen Samen zu Boden und beginnen bald auszukeimen und zu wachsen. Wir verwenden die kleinen Blättchen als Salatzugabe. Bei Mangold kann man die Pflänzchen auch ins Gewächshaus umpflanzen, wo sie teilweise vor, teilweise nach dem Winter zu beerntbaren Mangoldpflanzen heranwachsen.

WEITERE GÄNSEFUSS-GEWÄCHSE

Als Spinat verstehen wir heute nur noch Zubereitungen aus *Spinacia oleracea*. Ein schmackhaftes spinatartiges Gemüse kann aber auch aus den Blättern der Gartenmelde, selbst in bereits geschossenem Zustand, zubereitet werden.

SPINAT

Spinat *(Spinacia oleracea)* ist überwiegend Windbestäuber und zweihäusig, es gibt also männliche und weibliche Pflanzen. Die Männlichen beginnen vor den Weiblichen zu blühen und sterben nach der Blüte ab. Daher ist eine größere Anzahl Pflanzen zur Vermehrung nötig: mindestens 25 Pflanzen. Spinat kann zweijährig nach der Überwinterung im Freien oder einjährig bei sehr früher Aussaat vermehrt werden. Alle modernen Sorten haben runde Samenkörner, einige ältere haben unangenehm spitze Samenkörner, die die Samenernte erheblich erschweren. Die Selektion wird auf Blattgesundheit, spätes Schießen bei Frühjahrsanbau bzw. Winterhärte bei Herbstanbau durchgeführt.

MEIN TIPP FÜR DIE KÜCHE

Die jungen Blätter aller Gänsefußgewächse, auch die von wildem Gänsefuß und wilder Melde, sind als „Spinat-Gemüse" essbar.

GARTENMELDE

Verschiedene Meldesorten *(Atriplex hortensis)* verkreuzen sich untereinander. Die Aussaat findet im zeitigen Frühjahr statt – wie bei Spinat. Die Vermehrung ist einjährig, also für den Einstieg gut geeignet. Melde hat zweierlei Samen: Die auffälligen sind in ein typisches, papierartiges Vorblatt eingehüllt, das man kaum ohne Beschädigung entfernen kann. In den Blattachseln stehen jedoch auch noch kleine Samen ohne diese Hülle, die genauso keimfähig sind.

Blühender Spinat

Rote Gartenmelde

KRÄUTER & BLUMEN

— *selbst vermehren*

Gut entwickelte Sämlinge werden einzeln in Töpfchen pikiert.

Robuste Basilikum-Sorte 'Blue Spice' mit Blütenstand

KRÄUTER UND GEWÜRZE

Die meisten Kräuterarten, die in unseren Gärten angebaut werden, gehören zu den beiden Familien der Lippen- und Doldenblütler. Sie wachsen ein-, zwei- oder mehrjährig.

LIPPENBLÜTLER

Die Lippenblütler (*Lamiaceae* oder *Labiatae*) sind eine große Pflanzenfamilie, deren Mitglieder sehr häufig ätherische Öle enthalten und als Gewürz- und Heilpflanze genutzt werden. Daher bezeichnet man die Lippenblütler auch als Apothekenfamilie. Die Öldrüsen der Lippenblütler können je nach Art über die ganze Pflanze verteilt in Blättern, Stängeln und Blüten ätherisches Öl ausscheiden und ihren Duft zu verbreiten. Sonnenwärme und Trockenheit fördern den Gehalt an ätherischen Ölen.

Lippenblütler haben charakteristische Lippenblüten, oft mit kleiner Oberlippe und vergrößerter Unterlippe. Die Früchte bestehen aus vier zusammenhängenden Samen. Die ausdauernden Minzen, Zitronenmelisse, Salbei, Rosmarin, Lavendel und Ysop sowie die einjährigen Arten Basilikum, Sommer-Bohnenkraut und Majoran sind die bekanntesten Lippenblütler.
Die Lippenblüten locken viele Insekten an. Da eine Verkreuzung jedoch nur bei verschiedenen Sorten einer Art stattfindet, ist das im Garten mit Ausnahme von Basilikum meist kein Problem. Der Zeitraum der Blüte in den ährenförmigen Blüten-

Die Samen von Basilikum sind sehr fein.

ständen erstreckt sich über mehrere Wochen. Während oben ständig neue Blüten gebildet werden, reifen unten die Samen. Man schneidet die Blütenstände unter Protest der gerade Nektar sammelnden Bienen ab, wenn die Samen auszufallen beginnen, und trocknet sie noch etwas nach. Die Samen fallen mit etwas Schütteln leicht aus.

BASILIKUM

Alle Basilikum-Arten sind sehr wärmebedürftig. Unter 12 °C findet kein Wachstum statt und die Pflanzen werden anfällig für Pilzkrankheiten. Meistens wird Basilikum einjährig kultiviert.
Basilikum *(Ocimum basilicum)* ist die bei uns am häufigsten angebaute und verkaufte Art. Es existieren viele Sorten, die sich deutlich im Geschmack unterscheiden können: Zitronen-Basilikum, Zimt-Basilikum, Genoveser, Griechisches Basilikum, Thai-Basilikum, Großes Grünes Basilikum und Opal (rotblättrig) werden bei uns einjährig kultiviert.
Indisches Basilikum (*Ocimum tenuiflorum*), auch Tulsi, Tulasi oder Heiliges Basilikum genannt, ist ausdauernd, jedoch sehr frostempfindlich und wärmebedürftig.
Strauch-Basilikum (*Ocimum kilimandscharicum x basilicum*) ist mehrjährig, aber frostempfindlich. Es ist nur durch Stecklinge vermehrbar. Nur die Wildform bildet Samen.

DOLDENBLÜTLER

Die Familie der Doldenblütler (*Apiaceae* oder *Umbelliferae*) ist ebenfalls eine große Pflanzenfamilie mit dem sehr charakteristischen Blütenstand einer vielstrahligen Doppeldolde , die aus vielen Döldchen gebildet wird. Die Frucht ist eine trockene, zweiteilige Spaltfrucht mit Ölgängen, in denen die aromatischen ätherischen Öle eingelagert sind. Daher werden bei vielen Arten die Früchte und Blätter als Heil- und Gewürzpflanzen genutzt. Beispiele

Blühender Dill

Fenchel-Dolde mit Samen

Fenchel in voller Blüte

sind Petersilie, Dill, Fenchel, Kümmel, Anis, Koriander, Liebstöckel und Sellerie. Auch die beliebten Wurzelgemüse Möhren und Sellerie sind Doldenblütler.
Es gibt allerdings auch sehr giftige Vertreter dieser Pflanzenfamilie wie den gefleckten Schierling *(Conium maculatum)* und die Hundspetersilie *(Aethusa cynapium)*.
Manche Arten enthalten Furanocumarine und sind dadurch photosensibilisierend und phototoxisch. Zu erwähnen ist hier besonders der Riesen-Bärenklau *(Heracleum giganteum)*. Aber auch bei Pastinakenblättern ist Vorsicht geboten (siehe S. 103).
Doldenblütler mit ihren markanten Schirmblüten sind wahre Insektenmagnete. Sie dienen besonders den für die Läusebekämpfung wichtigen Schwebfliegen als Futterquelle. Sie sollten schon aus diesem Grund in keinem Garten fehlen.
Das Wesentliche der Samenernte der Doldenblütler ist bei Möhren (siehe S. 101) ausführlich beschrieben.

PETERSILIE

Die zweijährige Petersilie *(Petroselinum crispum)* wird in vielen Bauerngärten vermehrt oder sich zur Selbstaussaat überlassen. Blühende Pflanzen im ersten Jahr werden entfernt und die zur Vermehrung vorgesehenen Pflanzen nicht oder sehr wenig beerntet, damit sie genügend Reservestoffe in die Wurzeln einlagern können. Sie können im Beet überwintern

Dill-Samen

Petersilie blüht erst im zweiten Jahr.

und blühen im zweiten Jahr. Stützen ist nicht nötig. Die reifen Dolden mit braunen Samenkörnchen werden abgeschnitten, nachgetrocknet und die Samen durch etwas Nachreiben von den Stängeln getrennt.

DILL

Dill *(Anethum graveolens)* ist ein wichtiges einjähriges Küchenkraut. Sowohl Blätter wie Früchte werden genutzt für Salate und zum Gurkeneinlegen. Verschiedene Sorten verkreuzen sich. Zum Vermehren wird von März bis Mai gesät. Spätsaaten im August oder September bilden oft mehr Blätter aus und vertragen etwas Frost. Dill sät sich gerne selbst aus.

FENCHEL

Es gibt drei Varietäten des Fenchels *(Foeniculum vulgare)*. Die Blattscheiden sind als Speicherorgane verdickt.

— Gewürz-, Arznei oder Süß-Fenchel: Samen und Blätter dienen zum Würzen
— Gemüse- oder Knollen-Fenchel: Züchtung mit besonders stark verdicktem Blattgrund
— Wilder oder Bitter-Fenchel

Alle Varietäten und Sorten verkreuzen sich untereinander. In manchen Gebieten wächst auch verwilderter Fenchel. Gewürz-Fenchel kommt im ersten Jahr, auch bei früher Saat im April, nicht überall zur Reife. Er überwintert oft mehrere Jahre, gerne mit etwas Schutz durch Reisig, und kommt dann in den Folgejahren viel früher in Blüte und sicher zur Reife. Fenchel treibt bis zum Frost laufend neue Blüten und ist so auch im Herbst noch eine wichtige Nektarquelle für Bienen und andere Insekten. Zur Nutzung als Tee oder Gewürz werden die Dolden abgeschnitten, wenn die Samen weitgehend ausgewachsen, aber noch grün sind. So haben sie das beste Aroma. Für Saatgut müssen die Samen reif, also braun sein. Man schneidet die Dolden, lässt sie im Schatten nachtrocknen und reibt die Samen ab.

WEITERE DOLDENBLÜTLER

Ebenso als Gewürz verwenden oder über Samen vermehren lassen sich:

— Liebstöckel (ausdauernd)
— Kümmel (meist zweijährig)
— Kerbel (ein- oder zweijährig)
— Koriander (einjährig)
— Anis (einjährig) – nur in milden Gegenden

BLÜTENPFLANZEN FÜR DEN NUTZGARTEN

In traditionellen Bauerngärten wurden Nutzpflanzen, Heilkräuter und Blumen zusammen angebaut. Blumen säumten die Ränder und den Zaun, der den Garten nach außen abgrenzt.

Diese „Bauerngartenblumen" sind anspruchslos hinsichtlich Bodenansprüchen und Düngung, brauchen kaum Pflege und viele säen sich auch selbst aus. Sie ähneln darin den Wildpflanzen, aus denen sie gezüchtet wurden. Man lässt sie wachsen, wo sie nicht stören. Ihre Blüten sind wichtige Nahrungsquellen für Schmetterlinge, Wildbienen und Schwebfliegen, die Schädlingspopulationen in Grenzen halten. Unter mehrjährigen Arten haben Laufkäfer, Erdkröten und Blindschleichen ihre Verstecke. Vögel leben im Herbst und Winter von den nicht abgeschnittenen Samenständen. Manche blühenden Pflanzen haben noch einen nicht zu vernachlässigten Zusatznutzen für den Boden. Sie bringen Abwechslung in Gemüsefruchtfolgen und zusätzlichen Nutzen. Von ihrem Anbau profitieren Boden, Insekten, Kleinlebewesen und Menschen.

EINJÄHRIGE BLÜHSTREIFEN

In biologisch wirtschaftenden Betrieben werden ganz gezielt Streifen mit einjährigen blühenden Pflanzen auf Gemüsefeldern angelegt. Unsere wichtigsten Schädlingsregulierer leben als erwachsene Tiere von Nektar. Auf dem Weg zu den Läuseherden für ihren Nachwuchs müssen sie immer mal wieder Nektar „tanken".

KORBBLÜTLER

KORNBLUME

Zusammen mit Margeriten und Klatsch-Mohn war und ist die Kornblume *(Centaurea cyanus)* ein prägender Begleiter wenig gedüngter Getreidefelder und Blumenwiesen. Die Röhrenblüten leuchten unterschiedlich blau, können aber auch weiß, rosa- oder purpurfarben sein. Aufgrund ultravioletter Farbanteile sind sie weithin sichtbar. Die meist einjährige Sommerblume mit Aussaat von März bis Juni kann in milden Gegenden auch noch im September ausgesät werden und überwintert. Kornblumen blühen lange und ausdauernd und bieten Bienen, Hummeln und Schmetterlingen reichlich Nektar. Sie eignen sich gut als Schnittblume, sowohl in frischen Gebinden als auch in Trockensträußen. Oft findet man die Blüten zudem als Schmuckdroge in Tees. Von Kornblumen gibt es neben der Wild-

Blühstreifen mit einjährigen Sommerblumen

Ringelblume mit Blüten und reifen Samenständen

Farbspektrum von Schmuckkörbchen

form auch Zuchtsorten mit größeren Blüten. Alle können sich miteinander verkreuzen.

Samenernte: Zur Samengewinnung werden die trockenen Samenstände abgeschnitten, nachgetrocknet und die länglichen Samen ausgezupft oder durch Reiben aus den Hüllen befreit.

RINGELBLUME

Ringelblumen *(Calendula officinalis)* mit ihren leuchtenden Blüten in vielen Gelb bis Orangetönen, den klebrigen Blättern und dem markanten Geruch, gehören in jeden Garten. Die Blütenblätter dieser wichtigen Heilpflanze werden für Salben und Tees benötigt und sind eine essbare, dekorative Salatbeigabe. Die Wurzelausscheidungen wirken gegen schädigende Nematoden im Boden.

Samenernte: Die einjährigen Ringelblumen haben gekrümmte Samen, die ringförmig den Blütenboden bedecken. Braun und reif lassen sie sich einfach absammeln. So verschieden die Samen aussehen, sie sind alle gleichermaßen keimfähig. Ringelblumen säen sich willig selbst aus und überwintern auch als kleine Pflanzen.

SCHMUCKKÖRBCHEN

Monatelang erfreuen uns die zahlreichen recht großen Blüten von *Cosmos bipinnatus* in Weiß, Rosa und Rottönen. Die einjährigen Kosmeen sind beliebte Schnittblumen – starkwüchsig und reich verzweigt. Die Aussaat erfolgt als Direktsaat im Mai oder als Voranzucht. Kosmeen werden von Bienen und Hummeln bestäubt.

Samenernte: Die braun und dürr gewordenen Samenstände abschneiden und in Papiertüten nachtrocknen. Meist fallen sie von alleine aus.

SOMMERASTERN

Sommerastern *(Callistephus chinensis)* sind wichtige Schnittblumen für den Spätsommer und Herbst. Durch intensive Züchtung sind aus den einfach blühenden Margaretenastern zahlreiche meist gefüllt blühende Sorten mit verschiedenen Blütenformen und -farben entstanden. Alle Formen und Farben verkreuzen sich.

Bis die gefüllten Sorten ihre gelbe Blütenmitte mit den echten Zwitterblüten zeigen, vergeht einige Zeit. Eine Voranzucht ab April ist daher empfehlenswert. Der Blühbeginn wird erst durch eine Sonnenschein-

Mischkultur mit Tagetes

Türkischer Drachenkopf

Gemüsegarten mit Sonnenblumen

dauer von über 12 Stunden ausgelöst.
Alle Sommerastern sind durch die Asternwelke gefährdet. Daher sollten die Einjährigen nicht auf ein Blumenbeet gezwungen werden, sondern zwischen den Gemüsereihen an jährlich wechselndem Standort angebaut werden.
Samenernte: Für die Saatgutgewinnung die ersten Blüten stehen lassen. Die braunen und reifen Blütenköpfchen abschneiden, in Papiertüten nachtrocknen. Sie fallen fast von alleine aus.

SONNENBLUME

Sonnenblumen *(Helianthus annuus)* stammen aus Nord- und Mittelamerika. Mit ihrer Höhe von bis über 2 m und den großen, weit sichtbaren, der Sonne zugeneigten Blüten verkörpern sie die Sonne und den Sommer selbst an trüben Tagen. Die hohen Sorten winken förmlich über den Gartenzaun. Ihre riesigen Blütenköpfe sind eingefasst aus einem Ring aus Strahlenblüten in Gelb- bis Brauntönen. Die unscheinbaren echten Blüten öffnen sich von außen nach innen über mehrere Wochen. Sie bieten reichlich Nektar und Pollen für zahlreiche Blütenbesucher. Sonnenblumen haben ein tiefreichendes, sehr effektives Wurzelwerk. Sie holen sich Nährstoffe und Wasser aus tieferen Bodenschichten. Dadurch hinterlassen sie einen an Nährstoffen und Wasser „leeren" Boden. Da sie wie Gartensalate zu den Korbblütlern gehören, sind sie für salatreiche Gemüsefruchtfolgen keine gute Ergänzung.
Die Aussaat der Einjährigen erfolgt direkt ins Beet nach den Eisheiligen oder als Voranzucht ab April in Töpfchen. Sonnenblumen sind stark durch Schnecken gefährdet. Sie benötigen für ihr enormes Wachstum etwas Kompostdüngung, Bewässerung und meist auch eine Stütze gegen Umfallen.
Samenernte: Sonnenblumen sind Fremdbefruchter, daher sind mehrere Exemplare einer Sorte (Verkreuzungsgefahr zwischen Sorten) für die Saatgutgewinnung nötig. Da die reifenden Samenstände sehr beliebt bei Vögeln sind, sollten diese zur Samengewinnung in Netze eingehüllt werden, sobald sie sich nach unten neigen. Sobald sie erntereif und braun sind, werden sie einzeln abgeschnitten und an einem warmen, luftigen Ort mit den Samen nach oben nachgetrocknet. Vorsicht: Sie neigen sehr zum Schimmeln. Durch Aneinanderreiben der trockenen Samenstände werden

die Samen ausgelöst. Nicht als Saatgut benötigte Samenstände sollte man für die Vögel bis über den Winter stehen lassen.

STUDENTENBLUMEN

Tagetes sind eine weltweit verbreitete Gattung mit vielen Arten. Die pflegeleichten, einjährigen, stark verzweigten Pflanzen blühen unermüdlich über viele Monate mit leuchtenden, meist orangefarbenen bis gelben Blüten. *Tagetes* haben stark duftende Öldrüsen auf den Blütenhüllen. Auch die Blätter riechen stark, oft unangenehm. Der strenge Geruch hilft den Pflanzen bei der Abwehr von Insekten, wie der Weißen Fliege. Besonders wirkungsvoll ist eine Mischkultur von *Tagetes* mit Kohl, der häufig von der Weißen Fliege befallen ist. Möglicherweise werden auch schädigende Gemüsefliegen irritiert und finden ihre Wirtspflanze nicht mehr. *Tagetes* eignen sich zudem zur ökologischen Nematodenbekämpfung – im Gemüseanbau verursachen schädigende Nematoden (Fadenwürmer) Kümmerwuchs, Wurzelfäule und Welkeerscheinungen. Die Studentenblume sondert über ihre Wurzeln einen Duftstoff aus, der die Nematoden anlockt. Sobald diese an den Wurzeln saugen oder in das Wurzelwerk eindringen, setzt die Sommerblume einen hochwirksamen Giftstoff frei, welcher die Schädlinge abtötet. Die beste Wirkung erzielt man durch einen alleinigen Anbau von *Tagetes patula* über mindestens drei Monate als Gründüngung (Aussaat Mai bis August mit anschließendem Einarbeiten). Auch mit einer Mischkultur von *Tagetes* aller Arten erreicht man eine Verminderung der schädigenden Nematoden.

Samenernte: Die langen, stäbchenförmigen Samen lassen sich aus den reifen Körbchen einfach von Hand auszupfen.

Großblumige Zierformen sind meist Hybriden und lassen sich nicht selbst vermehren. Bei ihnen ist auch der strenge Geruch der Blätter weggezüchtet.

ZINNIEN

Die einjährigen Garten-Zinnien *(Zinnia elegans, Zinna vioalace)* sind farbenfrohe, blühfreudige Sommerblumen und dank ihres hohen Wuches und der starken Stiele wichtige Schnittblumen. Zinnienblüten sind essbar. Die gegenständigen, etwas rauen Blätter können Hautreizungen verursachen. Zur Vorbeugung gegen Welkekrankheiten sollten Zinnien jedes Jahr ein neues Beet bekommen. Sie sind kälteempfindlich und vertragen Trockenheit besser als zu viel Nässe. Die jeweiligen Sorten der beiden Arten verkreuzen sich. Es existieren auch Arthybriden, die nicht vermehrt werden können. Sorten mit gefüllten Blüten bilden keine Samen. Vorgezogene Pflanzen im Mai in ein sonniges, etwas gedüngtes Beet pflanzen. Auf genügend Abstand und Schnecken achten. Hohe Sorten bei Bedarf stützen.

Samenernte: Die Saatguternte erfolgt durch Abschneiden der braun gewordenen Blütenköpfchen im Herbst. Nach zwei bis drei Wochen im Haus fallen die stäbchenförmigen Samen fast von alleine aus.

LIPPENBLÜTLER

TÜRKISCHER DRACHENKOPF

Der Türkische Drachenkopf *(Dracocephalum moldavica)*, auch Moldawische Melisse oder Moldawien-Drachenkopf genannt, ist eine weniger bekannte, einjährige, nach Zitronenmelisse duftende, etwa 40 cm hohe Blühpflanze. Die kleinen, blauen Blüten sind eine außerordentlich gute Bienenweide. Sie übertreffen im Honigertrag sogar *Phacelia* und Raps.

Die Triebspitzen und Blätter – zum Zeitpunkt der Vollblüte geerntet – ergeben einen mild zitronigen, etwas herben Tee. Er wirkt unterstützend bei Verdauungsbeschwerden. Der Drachenkopf bevorzugt einen warmen und sonnigen Standort auf durchlässigen, kalkhaltigen Böden. Da der Lichtkeimer eine

langsame Jugendentwicklung hat, wird eine Voranzucht im Haus zwischen März und April empfohlen, alternativ kann im Freien zwischen Mitte Mai und Juni ausgesät werden. Für die Nutzung als Teepflanze sollte der Pflanzabstand 20 bis 30 cm betragen, im Kübel kann etwas enger gepflanzt werden.
Samenernte: Braun und trocken geworden werden die Samenstände abgeschnitten, und noch etwas nachgetrocknet. Meist fallen die Samenkörner schon nach leichtem Schütteln aus. Am geeigneten Standort kann sich der Türkische Drachenkopf auch selbst aussäen und verwildern.

HAHNENFUSS-GEWÄCHSE

JUNGFER IM GRÜNEN, GRETEL IM BUSCH

Die einjährige Jungfer im Grünen *(Nigella damascena)* durchläuft eine schnelle Entwicklung mit dekorativem, feinem, stark verästeltem Laub und blauen, rosafarbenen oder weißen Blüten. Rasch entwickeln sich auch die dekorativen Fruchtkapseln. Sie werden gerne getrocknet in Gestecken verwendet. Die Fruchtkapseln des Hahnenfußgewächses enthalten reichlich tiefschwarze eckige Samen. Direktsaat erfolgt ab März, später wird auf 15 bis 20 cm vereinzelt.
Samenernte: Zur Samengewinnung werden die braunen, papierartigen Fruchtkapseln einzeln geerntet und nachgetrocknet. Durch Zerreiben geben sie den Samen frei.

WÜRZIGE VERWANDTE

Ähnlich, aber mit etwas kleineren, unscheinbar weißen Blüten blüht *Nigella sativa.* Ihre Samen finden als Schwarzkümmel in der Küche Verwendung. Sie benötigt ein vollsonniges Beet und frühe Aussaat, damit die Samen gut ausreifen.

Jungfer im Grünen mit Samenständen

KREUZBLÜTLER

KAPUZINERKRESSE

Kapuzinerkresse *(Tropaeolum majus)* wird in Bauerngärten gerne zum Beranken von Zäunen verwendet. Durch den Lotuseffekt, der das Wasser aus Regen oder Tau auf den Blättern abperlen lässt, sieht sie stets gesund, unverletzt und sauber aus. Nur von schwarzen Läusen wird sie häufig befallen, was auf Baumscheiben durchaus ein Vorteil ist, da sie die Läuse von den Bäumen ablenkt. Sie fördert über die Ausscheidung von antibiotisch wirkenden Senfölen durch die Wurzeln die Gesundheit der Nachbarpflanzen.
Interessanterweise wird die Würz- und Heilpflanze sowohl von Schnecken als auch von Mäusen und Hühnern verschmäht.
Zum Verzehr geeignet sind junge Blätter als würzende Zutat für Salate und Blüten als essbare Verzierung. Geschlossene Knospen sowie unreife Samen dienen eingelegt in Essig und Salzlake als Kapernersatz.
Die einjährige Kapuzinerkresse ist sehr empfindlich gegen Frost. Daher empfiehlt sich eine Aussaat in Töpfchen ab März und das Auspflanzen nach Mitte Mai in wenig mit Stickstoff gedüngten Boden.
Der Wasserbedarf ist aufgrund der großen Blätter hoch. Die ersten Fröste im Herbst beenden das Wachstum.
Samenernte: Die Blüten werden rege von Insekten beflogen. Sorten und Wuchsformen verkreuzen sich untereinander.

Die großen Samen werden fortlaufend reif und fallen oft von alleine ab. Zur Samenernte muss man mehrmals jeweils die schon harten und etwas braunen Samen absammeln. Es erfolgt auch eine Selbstaussaat im gleichen oder im folgenden Jahr.

FUCHSSCHWANZ-GEWÄCHSE

GARTENAMARANTH, GARTENFUCHSSCHWANZ

Amaranth *(Amaranthus caudatus)* ist vorwiegend als Zierpflanze in Bauerngärten, Sommerblumenbeeten sowie als Schnitt- und Trockenblume bekannt. Die Pflanzen stehen meist aufrecht und haben endständige, aufrechte oder dekorativ hängende, sehr lange Blütenstände, vollbesetzt mit unscheinbaren winzigen Blütenknäueln in Grün, Bronzefarben, Lila oder kräftigen Rottönen. Auch die Samen sind je nach Sorte unterschiedlich gefärbt von cremefarben bis fast schwarz. Sorten mit hellen Samen werden auch zur Nutzung als Pseudogetreide angebaut. Alle Samen sind essbar. Amaranth ist frostempfindlich. Die winzigen Samenkörner keimen sehr schnell und werden einzeln in Töpfchen pikiert. Direktsaat ist möglich, aber wegen der feinen Samenkörner nicht einfach. Amaranth wächst zügig zu großen Pflanzen heran, wenn er genügend Platz, Sonne und Wärme hat. Er wächst auch auf steinigem und eher magerem Boden. Mit etwas Kompost und Dünger sowie genügend Wasser werden die Pflanzen üppiger. Die Blüten sind zweihäusig, männliche und weibliche Blüten sitzen nahe beieinander in Blütenknäueln. Sie können sich selbst befruchten, werden aber auch durch den Wind verweht. Es gibt zahlreiche Amaranth-Arten und -Hybriden, teils zur Gemüsenutzung oder zum Färben verwendet, die nur von Spezialisten unterschieden werden können. Man muss davon ausgehen, dass sich auch die Arten untereinander verkreuzen können. Ein Sicherheitsabstand von 200 m zwischen den Sorten oder das Eintüten von einzelnen Blütenständen wird zur Bewahrung der Sortenreinheit empfohlen.

Purpurroter Amaranth als Herbstschmuck

Kapuzinerkresse: Blüten, frische und getrocknete Samen

Samenernte: Die winzigen Samenkörner reifen kontinuierlich. Zur Samengewinnung werden die trockenen Blütenstände im Herbst abgeschnitten und etwas nachgetrocknet. Durch Schütteln und Reiben fallen die Samen leicht aus. Die leichte Spreu lässt sich mithilfe von Wind entfernen. Der einjährige Amaranth neigt zur Selbstaussaat.

MALVENGEWÄCHSE

Die Gattungen der verschiedenen Malven und Malvenartigen lassen sich nur schwer voneinander abgrenzen. Häufig haben sie große, auffällige Trichterblüten und weiche, behaarte gelappte Blätter.
Malven sind gute Bienenweiden, Insektenmagnete und ihre Blätter dienen einigen Schmetterlingslarven wie dem Malven-Dickkopffalter und dem Wegrand-Malven-Blattspanner als Raupennahrung.

SIDA: PFLANZE MIT GROSSEM POTENZIAL

Die Virginiamalve *(Sida hermaphrodita,* syn. *Ripariosida hermaphrodita)* ist eine bei uns noch ziemlich unbekannte langlebige Energiepflanze aus Nordamerika mit hohem ökologischem Wert. Im ersten Anbaujahr steckt die Pflanze die meiste Kraft in die Ausbildung ihres Wurzelsystems, das sie Trockenheit gut überstehen lässt. Ab dem zweiten Standjahr wächst sie in die Höhe. Sida kann ab dem dritten Jahr genutzt werden: entweder als Biogassubstrat bei Ernte im grünen Stadium oder zur Verbrennung bei Ernte der trockenen Stängel nach dem Winter. Wir pflanzen sie als Randpflanze und Abgrenzung zu konventionell wirtschaftenden Gartennachbarn. Einmal etabliert macht sie keine Arbeit und wird nur einmal im Frühjahr abgeschnitten. Der Aufwuchs kann als Mulchmaterial verwendet werden. Der bis zu 3 m hohe Strauch bietet neben viel Nektar für Bienen und andere Insekten spät im Jahr auch Samen für die Vögel im Winter und Rückzugsorte für überwinternde Insekten und Wild.

Alle Malvenblüten sind essbar. Die Blüten enthalten Schleimstoffe, die reizlindernd bei Husten (als Tee) wirken. Zu den Malvengewächsen zählt auch der Echte Eibisch *(Althaea officinalis)*, dessen schleimhaltige Wurzeln in Hustentees Verwendung finden. Viele Malven haben ein tiefreichendes umfangreiches Wurzelwerk. Sie erschließen Nährstoffe in tiefen Bodenschichten, stabilisieren den Boden und fördern mit der Abgabe von Schleimstoffen aus den Wurzeln und durch die Beschattung mit ihren großen Blättern den Boden.
Die Hauptkrankheit an Malven ist der Malvenrost *(Puccinia malvacearum)*. Dieser Pilz befällt vor allem die Blätter und ist erkennbar an gelblichen Flecken und rotbraunen Pusteln (Sporenlager) auf den Blattunterseiten. Die Pflanzen verkahlen zunehmend, auch wenn sie weiter blühen. An Malven entwickeln sich auch viele Arten von Spitzmaulrüsselkäfern.

BECHERMALVE

Die einjährige Bechermalve *(Lavatera trimestris)*, auch Strauchpappel oder Strauchmalve genannt, stammt ursprünglich aus dem Mittelmeerraum. Inzwischen breitet sie sich als Gartenflüchtling vereinzelt auch in der freien Natur aus. Die pflegeleichte Bechermalve ist eine typische Pflanze für Bauern- und Naturgärten, die sich zuverlässig selbst aussät und die Widerstandskraft aller Pflanzen in ihrer Nachbarschaft fördert. Sie ist eine gute Nahrungspflanze für Insekten mit langer Blütezeit bis in den Herbst.
Die auffälligen, zarten, becherförmigen Blüten sind gestielt und sitzen einzeln in Blattachseln. Sie kommen in den Farben Weiß, Rosarot, Karminrosa oder Pink vor, oft mit dunkler Aderung. Bechermalven kann man ab März im Haus vorziehen. Eine Aussaat im Freien sollte erst ab April bei einer Bodentemperatur über 15 °C erfolgen.
Samenernte: Nach der Blüte bildet die Bechermalve an ein Rad erinnernde Spalt-

früchte aus. Die braunen Früchte werden einzeln abgeschnitten, geöffnet und die Samen entnommen.

ZWEI- UND MEHRJÄHRIGE MALVEN

Samenernte: Die Samen bilden eng gedrängt einen Verbund, der an ein Rädchen erinnert. Sie werden von einer Hülle geschützt. Zur Vermehrung werden die Samenkapseln gesammelt, sobald sie braun werden. Anschließend nachtrocknen und von Hand öffnen. Die Samen hängen oft fest aneinander und sind schwierig zu vereinzeln.

Bechermalve in Weiß und Rosa

☞ ZWEI- UND MEHRJÄHRIGE MALVENGEWÄCHSE

DEUTSCHER NAME	BOTANISCHER NAME	VERMEHRUNG	BESCHREIBUNG
STOCKROSE, BAUERNROSE, STOCKMALVE	*Alcea rosea*	Zweijährig, Aussaat von Frühjahr bis Spätsommer	Alte Bauerngartenpflanze, weithin sichtbar durch ihren bis über 2 m hohen unverzweigten Stängel und die handtellergroßen, ungefüllten oder gefüllten Blüten in Weiß, Gelb bis hin zu fast Schwarz
ROSEN-MALVE	*Malva alcea*	Ausdauernd, winterhart, sät sich gern selbst aus, Direktsaat von April bis August	Alte Heil- und Gemüsepflanze mit zahlreichen großen, hellrosafarbenen Blüten, bis zu 1,5 m hoch; Blüten, Blätter und nussig schmeckende Samen können kulinarisch verwendet werden
MOSCHUS-MALVE, INDISCHE HIBISCUS-MALVE	*Malva moschata*	Ausdauernd, winterhart; Aussaat im April/Mai für Blüte im gleichen Jahr	Alte Heilpflanze aus Indien, die sich über ganz Europa verbreitet hat; besiedelt nährstoffreiche Areale; bis zu 80 cm hoch; bildet eine tiefe Pfahlwurzel und überwintert mit einer grünen Blattrosette; Insektenweide
THÜRINGER STRAUCHPAPPEL, STAUDEN-BECHERMALVE	*Malva thuringiaca*, syn. *Lavatera thuringiaca*	Ausdauernd, winterhart Aussaat im Juli/August, Umpflanzen im Herbst für Blüte ab Folgejahr	Heimisch, liebt einen nahrhaften, halbschattigen Standort, z. B. Gehölzrand; buschig, bis zu 1,5 m hoch; üppige Blüte in Zartrosa

SERVICE

GLOSSAR

F1-Hybride Erste Generation nach einer Kreuzung zweier Zuchtlinien (erste Filialgeneration). Merkmale (z. B. Ertrag, gleichzeitige Reife, einheitliche Pflanzen) beider Eltern werden für eine Generation sehr einheitlich ausgebildet. F1-Hybriden können nur einmal angebaut werden.

F2-Hybride Zweite Generation nach einer Kreuzung (zweite Filialgeneration). Merkmale spalten auf oder Pflanzen sind unfruchtbar (Mendelsche Vererbungslehre).

Fremdbefruchter Selbstbefruchtung wird biologisch verhindert. Für die Samenbildung ist Pollen anderer Pflanzen der gleichen Art nötig.

Generative Vermehrung Sexuelle Vermehrung durch Samen.

Genetische Varianz Gewisse Bandbreite bei der Ausprägung eines Gens in Abhängigkeit von den Umwelteinflüssen.

Heterosiseffekt F1-Hybriden bringen höhere Leistungen als die Ausgangssorten.

Heterozygot Gemischterbig.

Hybridsorten Durch Kreuzung zweier Inzuchtlinien in der ersten Generation entstanden.

Keimfähigkeit Fähigkeit des Pflanzensamens, einen Keimling zu bilden. Maß für die Qualität des Saatguts.

Keimprobe Test auf Keimfähigkeit unter standardisierten Bedingungen (Keimrate in Prozent).

Keimruhe Die Keimung der Samen erfolgt verzögert bei optimalen Wachstumsbedingungen. Wildpflanzen sind nach der Samenreife noch nicht sofort keimfähig, erst nach der Keimruhe.

Landsorte Gegenteil zur Hochzuchtsorte, durch bäuerliche Züchtung entstanden. Die Standortanpassung und die große Streuung ihrer Eigenschaften bringt Ertragssicherheit.

Nachbaufähigkeit Bei guter Nachbaufähigkeit (samenfestes Saatgut) entstehen aus dem Saatgut wieder Pflanzen mit den gleichen Eigenschaften.

Selbstbefruchter Es ist keine andere Pflanze zur Vermehrung nötig, da die Pflanze sich selbst bestäuben kann.

Vegetative Vermehrung Vermehrung über Pflanzenteile wie Stecklinge, Zwiebeln. Knollen oder andere Pflanzenteile.

Vernalisation Kältebehandlung von Pflanzenkeimlingen zur Entwicklungsbeschleunigung.

Worfel Auch Kornschwinge genannt: flacher Korb zum Reinigen von Saatgut.

ZUM WEITERLESEN

Anja Banzhaf: **Saatgut.** Wer die Saat hat, hat das Sagen. Oekom Verlag

Pro Specie Rara, Arche Noah, Andrea Heistinger: **Handbuch Samengärtnerei.** Sorten erhalten, Vielfalt vermehren, Gemüse genießen. Löwenzahn

Blühende Zucchini-Pflanze

NÜTZLICHE ADRESSEN

www.arche-noah.at
Größter Erhalterverein in Europa: Gesellschaft für die Erhaltung der Kulturpflanzenvielfalt und ihre Entwicklung. Großer Schaugarten in Schiltern (Niederösterreich).

www.freie-saaten.de
Nichtkommerzielle Gesellschaft im Dienste des Erhalts sowie der Verfügbarkeit pflanzlicher und tierischer Ressourcen im Sinne von Allgemeingut für die Allgemeinheit. Veranstalter von Saatgutseminaren und -märkten.

www.nutzpflanzenvielfalt.de
Verein zur Erhaltung der Nutzpflanzenvielfalt (VEN): Kulturanleitungen, Saatgutlisten, Seminare, Vielfaltsgärten.

www.vern.de
Verein zur Erhaltung und Rekultivierung von Nutzpflanzen: Saatgut, Publikationen.

www.prospecierara.ch
Schweizer Stiftung mit Ableger in Deutschland: *www.prospecierara.de.*

www.kaiserstuehler-garten.de
Sehenswerter Samen-Schaugarten in Eichstetten (Baden-Württemberg), Seminare und Führungen

www.genbaenkle.de
Netzwerk für Sortenretter und -erhalter der Nutzpflanzenvielfalt mit Schwerpunkt Baden-Württemberg.

www.pflanzengesundheit.julius-kuehn.de/ansprechpartner.html
Pflanzengesundheitsdienste für Deutschland, zum Beispiel Baden-Württemberg: Landwirtschaftliches Technologiezentrum Augustenberg *(www.ltz.landwirtschaft-bw.de)*

www.diyseeds.org/de/home/
Lehrfilme zur Samengärtnerei

www.kokopelli-semences.fr/fr/
Französische Non-profit-Organisation zur Erhaltung von samenfesten Gemüsesorten.

www.opensourceseeds.org
Neue Sorten werden mit der Open-Source Lizenz ausgestattet, um das Saatgut rechtlich vor Patenten und anderen Formen der Privatisierung zu schützen.

REGISTER

BILDNACHWEIS

152 Farbfotos wurden von Ingo Hubl für dieses Buch aufgenommen.

Weitere Farbfotos von: **Flora Press (34):** Alexandre Petzold: 29; 89 o.re., 89 u.li.; /Ardea: 44; /BIOSPHOTO: 127 re.; /Botanical Images: 11, 75 re., 119 li., 126 li.; /Christine Ann Föll: 128 Mi.li.; /GWI: 2, 64 re., 84 re.; / Karin Goldbach: 128 o.li., 135 re.; /Martin Hughes-Jones: 73 u.re.; /Meyer-Rebentisch: 89 u.re.; /Nathalie Pasquel: 84 li.; /Otmar Diez: 42 o.re., 60/61, 87 re., 118 li., 119 re., 126/127 Mi., 137; /Sibylle Pietrek: 71 o.re.; / Thomas Lohrer: 42 Mi.re.; /Ute Klaphake: 10, 16/17, 71 u.li.; 72 re., 124/125; /Visions: 72 li., 89 o.li., 89 Mi.li.; **GAP Photos (5):** Christa Brand: 132 o.re.; /Gary Smith. 54; /Graham Strong: 16; /Lynn Keddie: 6/7, 18/19; **Ute Klaphake** (4): 55, 59 re., 103 u.li., 144; **Shutterstock.com** (7): CatherineLProd: 132 o.li.; /ChWeiss: 132 o.Mi.; /Grigoriy Pil: 131 Mi.re.; /Lahore Qalandars7: 131 o.re.; /Milaspage: 23 li.; /Moonborne: 23 re.; / Paul Maguire: 25.

Mit 5 Illustrationen von Claudia Schick, Neumarkt.

IMPRESSUM

Umschlaggestaltung von Claudia Eder, Schönburg unter Verwendung von 2 Farbfotos von Flora Press/ BIOSPHOTO (Umschlagvorderseite: Pastinaken-Samen) und Ingo Hubl (Umschlagrückseite: Bohnen).

Mit 202 Farbfotos und 5 Farbzeichnungen.

Alle Angaben in diesem Buch sind sorgfältig geprüft und geben den neuesten Wissensstand bei der Veröffentlichung wieder. Da sich das Wissen aber laufend in rascher Folge weiterentwickelt und vergrößert, muss jeder Anwender prüfen, ob die Angaben nicht durch neuere Erkenntnisse überholt sind. Dazu muss er zum Beispiel Beipackzettel zu Dünge-, Pflanzenschutz- bzw. Pflanzenpflegemitteln lesen und genau befolgen sowie Gebrauchsanweisungen und Gesetze beachten.
Die Blütenfarben sind sortenabhängig, daher können auch Farben auf dem Markt sein, die im Buch nicht genannt werden. Die Blütezeiten sind ebenfalls sortenabhängig, aber auch klima- und standortabhängig. Die angegebenen Wuchshöhen und -breiten der Pflanzen sind Mittelwerte. Sie können je nach Nährstoffgehalt des Bodens variieren. Verschiedene Sorten können deutlich größer oder auch kleiner wachsen als die Art.

Unser gesamtes Programm finden Sie unter **kosmos.de.**
Über Neuigkeiten informieren Sie regelmäßig unsere Newsletter, einfach anmelden unter **kosmos.de/newsletter**

Gedruckt auf umweltfreundlichem Papier, klimaneutral hergestellt.

ISBN 978-3-440-17414-2
Projektleitung, Redaktion und Bildredaktion: Carolin Küßner
Gestaltungskonzept: Peter Schmidt Group GmbH, Hamburg
Gestaltung & Satz: Claudia Adam Graphik-Design, Bad Kreuznach
Produktion: Klaus Jost
Druck & Bindung: Gugler GmbH, A-Melk/Donau
Printed in Austria/Imprimé en Autriche

print 4 climate
klimapositiv gedruckt

Gedruckt nach der Richtlinie „Druckerzeugnisse" des Österreichischen Umweltzeichens. gugler*print, Melk, UWZ-Nr. 609, www.gugler.at

PurePrint®
innovated by gugler* DruckSinn
Gesund. Rückstandsfrei. Klimapositiv.
drucksinn.at